AF402507

NOMENCLATURE GÉNÉRALE

EN LATIN ET EN FRANÇAIS,

DE TOUTES LES SUBSTANCES QUI PEUVENT SERVIR A ÉTIQUETER LES BOCAUX D'UNE PHARMACIE.

Cette Nomenclature est le relevé exact de celle que contient le PRIX-COURANT de la Maison MENIER et Cie, auquel M. CLARE renvoie les amateurs de belles Étiquettes, ils y trouveront la majeure partie des Échantillons de sa Fabrique.

1.	2.	3.	4.	5.	NOMS FRANÇAIS.	NOMS LATINS.
					ACÉTATE d'Ammoniaq:	ACETAS..Ammonicus
					» ...de Morphine	» ...Morphicus
					» ...de Plomb	» ...Plumbicus
					» ...de Plomb Liq:	» ...Plumbic: L:
					» ...de Potasse	» ...Potassicus
					» ...de Quinine	» ...Quinicus
					» ...de Soude	» ...Sodicus
					» ...de Cuivre	» ...Cupricus
					» ...de Cuivre Cr:	» ...Cupricus Cr:
					S:-ACÉTATE de Plomb	S:-ACETAS Plumbicus
					» ...de Plomb Liq:	» ...Plumbic: Cr:
					ACIDE...Acétique	ACIDUM..Aceticum
					» ...Arsénieux	» ...Arseniosum
					» ...Antimonique	» ...Stibicum
					» ...Azotique	» ...Azoticum
					» ...Benzoïque	» ...Benzoïcum
					» ...Boracique	» ...Boracicum
					» ...Borique	» ...Boricum
					» ...Carbonique	» ...Carbonicum
					» ...Chlorhydrique	» ...Chlorhydric:
					» ...Hydrochloriq:	» ...Hydrochloric:
					» ...Hydrosulfuric:	» ...Hydrosulfuric:
					» ...Hydrocyaniq:	» ...Hydrocyanic:
					» ...Muriatique	» ...Muriaticum
					» ...Nitrique	» ...Nitricum
					» ...Nitrique Alc:	» ...Nitric: Alc:
					» ...Nitro-Muriat:	» ...Nitro-Muriat:
					» ...Oxalique	» ...Oxalicum
					» ...Phosphorique	» ...Phosphoric:
					» ...Prussique	» ...Prussicum
					» ...Succinique	» ...Succinicum
					» ...Sulfhydrique	» ...Sulfhydric:
					» ...Sulfureux	» ...Sufurosum
					» ...Sulfuriq: P:	» ...Sulfuric: P:
					» ...Sulfuriq: Alc:	» ...Sulfuric: Alc:
					» ...Tannique	» ...Tannicum
					» ...Tartrique	» ...Tartricum
					AMIANTE	AMIANTUS
					AIMANT	MAGNES
					ALCALI volatil	AMMONIA Aquâ Soluta
					AGARIC blanc	BOLETUS Laricis
					» ...de Chêne	» ...Ignarius
					ALOES....Succotrin	ALOES....Soccotrina

1.	2.	3.	4.	5.	NOMS FRANÇAIS.	NOMS LATINS.
..	..	..	..	..	ALOES.... Hépatique....	ALOES... Hepatica....
..	..	..	..	..	» ...Cabalin....	» ...Cabalina....
..	..	..	..	..	ARGENT....	ARGENTUM....
..	..	..	..	..	ANTIMOINE....	STIBIUM....
..	..	..	..	..	ANIS....	PIMPINELLA Anisum....
..	..	..	..	..	ANIS...... Étoilé....	ILLICIUM... Anisatum....
..	..	..	..	..	... » ...Couvert....	... » ...Obvolutum....
..	..	..	..	..	AMIDON....	AMYLUM....
..	..	..	..	..	ALBUM.... Céti....	ALBUM.... Ceti....
..	..	..	..	..	ALCOOL ..Camphré....	ALCOOL... Camphorat:.
..	..	..	..	..	... » ...Ethéré....	... » ...Ætheris:....
..	..	..	..	..	» ...Rectifié....	» ...Rectificat:....
..	..	..	..	..	» ...Nitrique....	» ...Nitricus....
..	..	..	..	..	» ...Sulfurique....	» ...Sulfuricus....
..	..	..	..	..	... » ...à 21....	... » ...21 grad:....
..	..	..	..	..	» ...à 22....	» ...22 »....
..	..	..	..	..	» ...à 23....	» ...23 »....
..	..	..	..	..	» ...à 30....	» ...30 »....
..	..	..	..	..	» ...à 33....	» ...33 »....
..	..	..	..	..	» ...à 36....	» ...36 »....
..	..	..	..	..	» ...à 40....	» ...40 »....
..	..	..	..	..	ALCOOLAT. Aromat: Am:....	ALCOOLAT: Aromat: Am:....
..	..	..	..	..	... » ...de Bergamot:....	... » ...Citri Berg:....
..	..	..	..	..	» ...de Calamus....	» ...Calami....
..	..	..	..	..	» ...de Cannelle....	» ...Cinnamomi....
..	..	..	..	..	... » ...de Cédrats....	» ...Citri Med:....
..	..	..	..	..	... » ...de Citrons....	» ...Citri Lim:....
..	..	..	..	..	» ...de Cochléaria....	» ...Cochleariæ....
..	..	..	..	..	» ...de Cochléar: C:....	... » ...Cochlear: C:....
..	..	..	..	..	» ...de Fioraventi....	... » ...Fioraventi....
..	..	..	..	..	... » ...de Garus....	» ...Gari....
..	..	..	..	..	» ...de Lavande....	... » ...Lavandulæ....
..	..	..	..	..	» ...de Mélisse....	» ...Melissæ....
..	..	..	..	..	» ...de Mélisse C:....	» ...Melissæ C:....
..	..	..	..	..	» ...de Menthe....	» ...Menthæ....
..	..	..	..	..	... » ...de Muscade....	» ...Moschatæ....
..	..	..	..	..	» ...d'Oranges....	» ...Aurantii....
..	..	..	..	..	» ...de Romarin....	... » ...Rosmarini....
..	..	..	..	..	» ...de Sassafras....	» ...Sassafras....
..	..	..	..	..	» ...de Térébenth:....	» ...Terebenth:....
..	..	..	..	..	» ...Vulnéraire....	... » ...Vulnerar:....
..	..	..	..	..	AZUR...... Quatre-feux....	OXIDUM...Cobalti....
..	..	..	..	..	ALUN....	ALUMEN....
..	..	..	..	..	ALUN.... Calciné....	ALUMEN... Ustum....
..	..	..	..	..	... » ...de Glace....	SULFAS AC: Aluminico P:....
..	..	..	..	..	... » ...de Rome....	ALUMEN... Romæ....
..	..	..	..	..	... » ...de Roche....	... » ...Rochiæ....
..	..	..	..	..	AMMONIAQUE....	AMMONIA....
..	..	..	..	..	AMMONIAQUE Liquide....	AMMONIA.. Liquida....
..	..	..	..	..	AMANDES.. Douces....	AMYGDALÆ. Dulces....
..	..	..	..	..	... » ...Amères....	» ...Amaræ....
..	..	..	..	..	ASA-FOETIDA....	ASA-FOETIDA....
..	..	..	..	..	AVOINE....	AVENA SATIVA....
..	..	..	..	..	ARROW-ROOT....	MARANTA.. Arundinacea....
..	..	..	..	..	AMBRE... Gris....	PHYSETER. Macrocephalus....

1.	2.	3.	4.	5.	NOMS FRANÇAIS.	NOMS LATINS.
					AMBRE. . . . Jaune.	PHYSETER . Succinum. . . . .
					AMBRETTE	HIBISCUS. . Abelmoschus . . . .
					ANTIMOINE. Purifié.	STIBIUM. . . Purificatum. . . .
					. . . » . . . Diaphorétiq:	. . . » . . . Diaphoretic: . . . .
					. . . » . . . Cru	. . . » . . . Crudum. . . . .
					ANTIMONIATE de Potasse. . . .	STIBIAS . . . Potassicus. . . . .
					ARSÉNIATE de Potasse	ARSENIAS . Potassicus. . . . .
					BAUME (*Alcoolé*) d'Arcœus. . .	BALSAMUM (*Alcoolet:*) Arcœi. .
					. . . » . . . de Fioraventi	. . . » . . . Fioraventi. . . . .
					. . . » . . . Nerval	. . . » . . . Nervinum. . . . .
					. . . » . . . Opodeldoch. . . .	. . . » . . . Opodeldoch. . . .
					. . . » . . . de Soufre An: . . .	. . . » . . . Sulfuris An: . . .
					. . . » . . . Tranquille	. . . » . . . Tranquillans. . . .
					. . . » . . . du Pérou.	. . . » . . . Peruvianum. . . .
					. . . » . . . du Canada	. . . » . . . Canadense . . . .
					. . . » . . . de la Mecque . . .	. . . » . . . Amyris Opobal: . .
					. . . » . . . de Judée	. . . » . . . Judaïcum. . . . .
					. . . » . . . de Giléad	. . . » . . . Gileadense. . . . .
					. . . » . . . de Brésil	. . . » . . . Brasiliense . . . .
					. . . » . . . de Copahu	. . . » . . . Copahifer: . . . .
					. . . » . . . Vert de M:	. . . » . . . Viride . . . . .
					. . . » . . . de Marie	. . . » . . . Mariæ . . . . .
					. . . » . . . de Tolu.	. . . » . . . Toluiferum. . . .
					. . . » . . . du Command: . . .	. . . » . . . Commendat: . . .
					BEURRE. . . de Cacao	OLEUM CONC; Sem:-Cacao.. . .
					. . . » . . . de Muscades. . . .	. . . » . . . S:-Moschatæ . . .
					. . . » . . . d'Antimoine	CHLORURETUM Stibicum . . . .
					BISMUTH.	BISMUTHUM . . . .
					BISMUTH . . Purifié..	BISMUTHUM. . . Repurgatum. . .
					BLANC. . . . de Baleine.	ALBUM. . . . Ceti . . . .
					. . . » . . . de Fard.	. . . » . . . Bismuthic: . . . .
					. . . » . . . de Plomb.	S:-CARBON: Plumbicus.. . . .
					. . . » . . . d'Argent	S:-CARBON: Plumb: Elect: . . .
					BLEU . . . . . de Prusse.	CYANURETUM. Ferroso-Ferric: .
					BOL . . . . . . d'Arménie	BOLUS . . . . Orientalis: . . . .
					BOULES . . . de Mars.	GLOBULI . . Martiales . . . . .
					. . . » . . . de Nancy.	. . . » . . . Martiales . . . . .
					BROMURE. . de Potassium	BROMURETUM. Potassii . . . .
					BRUCINE.	BRUCINA. . . . .
					BORATE. . . de Soude.	BORAS. . . . Sodicus. . . . .
					S:-BORATE. de Soude.	S: BORAS. . Sodicus. . . . .
					BAIES . . . . . de Genièvre. . . .	BACCÆ . . . Juniperi. . . . .
					. . . » . . . d'Alkékenge. . . .	. . . » . . . Alkekengi. . . . .
					. . . » . . . de Laurier	. . . » . . . Lauri. . . . .
					BADIANE.	ILLICICIUM Anisatum. . . . .
					BALAUSTES.	CORTEX FR: PunicæGr: . . . .
					BDELLIUM	BDELLIUM . . . .
					BENJOIN.	BENZOINUM . . . .
					BOIS. . . . . . d'Aloës.	LIGNUM. . . Aloës. . . . . .
					. . . » . . . de Brésil	. . . » . . . Brasiliense . . . .
					. . . » . . . de Campech . . .	. . . » . . . Campechian: . . .
					. . . » . . . de Gayac	. . . » . . . Guayacum . . . .
					. . . » . . . de Surinam. . . .	. . . » . . . Surinami. . . . .
					. . . » . . . d'Aigle	. . . » . . . Aquilinum . . . .

1.	2.	3.	4.	5.	NOMS FRANÇAIS.	NOMS LATINS.
					BOIS.....de Rhodes....	LIGNUM...Rhodium....
					»...des Moluques...	»...Moluccense...
					»...Néphrétique...	»...Nephreticum...
					»...d'Acajou...	CASSUVIUM Occidentale...
					»...de Ste-Lucie...	CERASUS...Padus...
					»...Gentil...	DAPHNE...Mezereum...
					BOURGEONS de Sapin.....	GEMMÆ...Abietis....
					»...de Peuplier...	»...Populi...
					CACAO...	THEOBROMA CACAO...
					CAMPHRE...	CAMPHORA...
					CANNELLE. de Ceylan...	CINNAMOMUM: Zeylanicum...
					»...de Chine...	»...Chinense...
					»...Blanche...	»...Album...
					CANTHARIDES...	CANTHARIDES
					CAPILLAIRE du Canada....	ADIANTHUM Pedatum...
					»...de Montpellier...	»...Capillus Ven:
					CASTOREUM...	CASTOREUM...
					CIRE.....Blanche...	CERA....Alba...
					»...Jaune...	»...Flava...
					CLOPORTES...	ONISCUS ASELLUS...
					COCHENILLE...	COCCINELLA...
					COLOPHONE...	COLOPHONIA...
					COLOQUINTE...	CUCUMIS Colocynthis...
					CORAIL...Rouge...	ISIS.....Nobilis...
					»...Préparé...	CORALLUM. Præparatum...
					CORALINE. Blanche...	CORALLINA Alba...
					»...de Corse...	FUCUS....Helminthoc:
					CUBÈBES...	CUBEBÆ...
					COLLE....de Poisson...	ICHTHYCOLLA...
					CAMPHRÉE. de Montpellier...	CAMPHORATA Hirsuta...
					CLOUS....de Girofle...	CARYOPHYLLI Officinales...
					CASSIS...	RIBES RUBRUM...
					COQUES...du Levant...	COCCULI...Orientales...
					CINNABRE...	CINNABARIS...
					CÉRUSE...	CARBONAS..Plumbicus...
					CORNE DE C: Rapée...	RASURA...Cornu Cervi...
					»...Calcinée...	CORNU C:.Ustum...
					CACHOU...	CATHECU...
					CACHOU...Purifié...	CATHECU..Repurgatum...
					CALOMÉLAS...	CHLORURETUM Hydrargyrosum
					CARBONATE d'Ammoniaq:...	CARBONAS. Ammonicus...
					»...de Chaux...	»...Calcicus...
					»...de Fer...	»...Ferricus...
					»...de Potasse...	»...Potassicus...
					»...de Soude...	»...Sodicus...
					»...de Plomb...	»...Plumbicus...
					»...de Cuivre...	»...Cupricus...
					»...de Magnésie...	»...Magnesicus...
					S:-CARBONATE de Soude...	S:-CARBONAS Sodicus...
					»...de Potasse...	»...Potassicus...
					BI-CARBONATE de Potasse...	BI-CARBONAS Potassicus...
					»...de Soude...	»...Sodicus...
					CÉRAT (*Oléocérolé*) de Galien	CERATUM (*Oleocerolet:*) Galeni.
					»...de Goulard...	»...S:-Ac. Plumb:

1.	2.	3.	4.	5.	NOMS FRANÇAIS.	NOMS LATINS.
					CÉRAT (*Oleocerolé*) à la Rose	CERATUM (*Oleocerolet:*) Rosatum
					... » ...de Saturne	... » ...S:-Ac: Plumb:
					... » ...Simple	... » ...Simplex
					... » ...Soufré	... » ...Sulfuratum
					CHAUX....Eteinte	OXIDUM...Calcic: Aq: S:
					CHLORATE de Potasse	CHLORAS..Potassicus.
					CHROMATE de Potasse	CHROMAS..Potassicus.
					CHLORHYDR: de Morphine	CHLORHYDRAS Morphicus.
					... » ...de Quinine	... » ...Quinicus
					... » ...d'Ammoniaq:	... » ...Ammonicus.
					CHLORURE de Chaux.	CHLORURETUM Calcicum.
					... » ...de Chaux Liq	... » ...Calcic: Liq:
					... » ...d'Antimoine	... » ...Stibicum.
					... » ...de Barium	... » ...Baryticum
					... » ...de Calcium.	... » ...Calcii.
					... » ...de Fer	... » ...Ferricum.
					... » ...de Magnésium.	... » ...Magnesii
					... » ...de Mercure	... » ...Hydrargyri
					... » ...de Mercur: Pr:	... » ...Hydrarg: Pr:
					... » ...de Mer: à la V:	... » ...Hydrarg: ad: V:
					... » ...de Potassium	... » ...Potassii.
					... » ...de Sodium	... » ...Sodii
					... » ...de Zinc.	... » ...Zincicum.
					PROTO-CHLOR: de Mercure.	PROTOCHLOR: Hydrargyric:
					DEUTO-CHLOR: de Mercure.	DEUTO-CHLOR: Hydrargyric:
					CLOUS....Fumants	PASTILLI (*Saccharol: S:*) Odorati
					COLCOTHAR	OXIDUM: FER: Igne Parat:
					COLLYRE..de Lanfranc.	COLLYRIUM Lanfranci
					... » ...Ammoniacal	... » ...Ammoniacal:
					... » ...de Leayson	... » ...Leayson
					COUPEROSE Blanche	SULFAS...Zincic: C: Aq:
					... » ...Verte.	... » ...Ferros: C: Aq:
					... » ...Bleue.	... » ...Cupric: C: Aq:
					CRÈME....de Tartre.	BI-TARTRAS Potassicus
					... » ...de Tartre S:	TARTRAS..Borico-Pot:
					CRÉOSOTE.	CRÉSOTA
					CRISTAL..Minéral	NITRAS...Potassic: F:
					CYANURE..de Fer	CYANURETUM Ferricum.
					... » ...de Fer hydr:	... » ...Ferroso-Ferric:
					... » ...de Mercure.	... » ...Hydrargyric:
					... » ...d'Or	... » ...Auricum
					... » ...de Potassium	... » ...Potassii
					... » ...de Zinc	... » ...Zincicum.
					DATTES	DACTYLI Officinales.
					DIASCORDIUM	DIASCORDIUM
					DIAPHÉNIX	DIAPOENIX
					DOUCE-AMÈRE	SOLANUM Dulcamara.
					DICTAME. de Crète	ORIGANUM. Dictamus
					EAU DIST: (*Hydrolat*) d'Armoise.	AQUA....(*Hydrolat:*) Artemisiæ
					... » ...d'Absinthe.	... » ...Absinthii.
					... » ...d'Amand: Am:	... » ...Amygd: am:
					... » ...d'Anis.	... » ...Anisi.
					... » ...d'Anis Etoilé.	... » ...Illicii Anisat:

1.	2.	3.	4.	5.	NOMS FRANÇAIS.	NOMS LATINS.
					EAU DIST: (*Hydrolat:*) de Bleuet.	AQUA (*hygrolat:*) Cyani.
					» …de Genièvre.	» …Juniperi.
					» …de Bourrache.	» …Borraginis
					» …de Cannelle.	» …Cinnamomi
					» …de Cascarille.	» …Cascarillæ.
					» …de Cochléaria.	» …Cochleariæ
					» …de Coquelicots.	» …Papav: Rh:
					» …de Cresson	» …Nasturtii
					» …de F: de Pêcher.	» …Fol: Amygd: P:
					» …de Girofles	» …Caryophyll:
					» …d'Hysope.	» …Hyssopi.
					» …de Laitue.	» …Lactucæ
					» …de Laurier C:	» …Lauri C:
					» …de Lavande	» …Lavandulæ.
					» …de Lierre T:	» …Glecom: Hed:
					» …de Mélilot.	» …Meliloti.
					» …de Mélisse.	» …Melissæ.
					» …de Menthe P:	» …Menthæ P:
					» …de Nymphœa.	» …Nymphææ.
					» …de Pariétaire	» …Parietariæ
					» …de Plantain	» …Plantaginis
					» …de Fl: d'Orang:	» …Fl: Aurant:
					» …d'Origan	» …Origani.
					» …de Raifort	» …Cochlear: Ar:
					» …de Roses	» …Rosarum
					» …de Sauge	» …Salviæ
					» …de Sassafras.	» …Sassafras
					» …de S: d'Angeliq:	» …S:-Angelicæ
					» …de S: de Fenouil.	» …S:-Fœniculi.
					» …de S: de Persil.	» …S:-Apii Pet:
					» …de Serpolet.	» …Thymi Serp:
					» …de Sureau.	» …Sambuci.
					» …de Tanaisie.	» …Tanaceti
					» …de Thym.	» …Thymi
					» …de Tilleul.	» …Tiliæ.
					» …de Valériane.	» …Valerianæ.
					EAU (*Hydrolé*) Ethérée.	AQUA (*Hydroletum*) C: Æthere:
					» …Camphrée.	» …Camphorat:
					» …d'Orge	» …Cinnam: Hord:
					» …Céleste.	» …Cœlestis.
					» …Pagédénique.	» …Phagedenic:
					» …de Chaux.	» …Calcis.
					» …Sédative.	» …Sedativa
					» …d'Alibour.	» …Alibour.
					» …Régale	» …Regia.
					» …Vulnéraire	» …Vulnerar:
					» …Minérale, Al.	» …Mineralis
					» …Végéto-Min:	» …Vegeto-Min:
					» …Vulnéraire R:	» …Vulner: R:
					» …Vulnéraire Sp:	» …Vulner: Sp:
					» …Vichy.	» …Vichy.
					» …de Casse	» …Cassiæ
					» …de Javelle.	» …Javelliana
					» …de Goudron.	» …Picea.
					» …de Goulard	» …Vegeto-Min:

1.	2.	3.	4.	5.	NOMS FRANÇAIS.	NOMS LATINS.
					EAU (*Hydrolé*) de Gomme . . .	AQUA (*Hydroletum*) Gummi Ar:
					» . . Gazeuse.	» . . Acidul: Sol: . . .
					» . . de Botot	» . . Botot. . . . . .
					EAU (*Alcoolat*) de Cologne . . .	AQUA (*Alcoolat:*) Coloniensis .
					» . . de Mélisse Sp: . . .	» . . Melissæ Sp:. . . .
					EAU (*Alcoolé*) Thériacale. . . .	AQUA (*Alcoolet:*) Theriacal: .
					» . . Rouge	» . . Rubra . . . .
					» . . de Bonferme	» . . R: Moschatæ . . . .
					» . . de Luce	» . . Am: Succini . . . .
					EAU ÉTH: (*Ethérolé*) Camphrée.	AQUA ÆTH:(*Ætherol:*)Camphor:
					EAU HYDROSULFURÉE	ACID: SULFHYDR: Aquâ Solut: .
					EAU . . . . . . de Rabel	ACID: SULF: Alcoolisat: . . . .
					EAU-DE-VIE (*hydralcool*) de Gayac	AQUA VITÆ (*hydralcool*) Guayaci
					» . . Camphrée.	» . . Camphorat:. . . . .
					» . . Allemande.	» . . Germanica. . . . .
					ELECTUAIRE (*Saccharid: M:*) . .	ELECTUARIUM (*Saccharid: M:*).
					» . . Catholic: D:	» . . Catholic: D: . . . .
					» . . Dentifrice.	» . . Dentifric: . . . . .
					» . . Diaphœnix.	» . . Diaphœnix. . . . . .
					» . . Diascordium	» . . Diascordium . . . .
					» . . Lénitif	» . . Lenitivum. . . . .
					» . . de Quina.	» . . Kinæ. . . . .
					» . . de Thériaque	» . . Theriacale . . . . .
					ELIXIR (*Alcoolé*) de Garus . .	ELIXIRIUM (*Alcoolet:*) Gari. . .
					» . . Anti-Scrophul:. . . .	» . . Anti-Scroph: . . . .
					» . . de Longue Vie. . . .	» . . Longæ V: . . . .
					» . . de Pérylhe.	» . . Perylhi. . . . . .
					» . . V. de Mynsicht:. . .	» . . V: Mynsichti . . .
					» . . Parégorique.	» . . Paregoric: . . . .
					» . . Américain.	» . . American: . . . . .
					» . . de Stoughton	» . . Stoughton . . . .
					ÉMERI.	SMYRIS . . . .
					ÉMÉTIQUE	TARTRAS. . Stibico-Potas:. . . .
					EMPLATRE (*Stéaraté*) Brun . . .	EMPLASTRUM (*Stearat:*) Fuscum
					» . . de Canet	» . . C: Oxido Fer:. . . .
					» . . de Cantharides. . . .	» . . C: Canthar:. . . .
					» . . de Céruse.	» . . C: Cerusâ. . . . .
					» . . de Ciguë	» . . C: Cicutâ. . . . .
					» . . de Cire.	» . . C: Cerâ. . . . .
					» . . Diachylon.	» . . Diachyl: G:. . . . .
					» . . Diapalme	» . . Diapalma. . . . .
					» . . des 4 Fondants . . .	» . . è Mixt: Quat:. . . .
					» . . Mercuriel.	» . . C: Hydrargyro . .
					» . . de Nuremberg	» . . C: Minio C:. . . .
					» . . de Poix.	» . . C: Pice. . . . .
					» . . Résolutif	» . . è Mixt: Quat:. . . .
					» . . de Savon	» . . C: Sapone. . . . .
					» . . Simple	» . . Simplex . . . .
					» . . Vésicatoire	» . . Cantharid: . . . .
					» . . Vésicat: Ang:. . . .	» . . Cantarid: Angl:. . .
					» . . de Vigo.	» . . C: Hydrargyro . . .
					ÉPONGES . . Préparées.	SPONGIÆ . . præparatæ . . . .
					ESPÈCES (*Spéciolés*) Amères . .	SPECIES (*Speciolet:*) Amaræ. . .
					» . . Anthelminth:	» . . Anthelminth: . . . .
					» . . Apéritives	» . . Diureticæ. . . . .

1.	2.	3.	4.	5.	NOMS FRANÇAIS.	NOMS LATINS.
					ESPÈCES (*Spéciolés*) Aromatiques	SPECIES (*Speciolet:*) Aromaticæ
					» ..Emollientes.....	» ..Emollientes....
					» ..Pectorales.....	» ..Pectorales....
					» ..Sudorifiques	» ..Sudorificæ
					» ..Vulnéraires....	» ..Vulnerariæ.
					» ..Béchiques	» ..Bechicæ..
					» ..Diurétiques.	» ..Diureticæ.
					» ..Astringentes	» ..Astringentes
					ESSENCE (*Alcoolé*) de Savon...	TINCTURA (*Alcoletum*) Saponis.
					» ..Céphalique	» ..Aromatica
					ESPRIT...de Mindererus...	ACETAS...Ammon: Aq: S:.
					» ...de Nitre Dulc: ...	ACIDUM...Nitric: Alc:....
					» ...de Sylvius.....	ALCOOLAT: Ar: Ammon:
					ÉTHER (*Etherol*) Acétique ...	ÆTHER (*Ætherol*) Aceticus.
					» ..Nitrique.....	» ..Nitricus....
					» ..Nitrique Alc:....	» ..Nitricus Alc:....
					» ..Sulfurique	» ..Sulfuricus
					» ..Sulfurique Alc:...	» ..Sulfur: Alc:....
					» ..Phosphoré	» ..C: Phosphoro.
					ÉTHIOPS...Martial......	OXIDUM...Ferroso-Ferric:
					» ...Minéral......	OETHIOPS..Minerale
					ENCENS	BOSWELLIA Serrata ....
					» ...en Larmes.....	BOSWEL: SER: Lacrymata ....
					EUPHORBE........	EUPHORBIUM.
					EXTRAIT (*Opostolé*) d'Absinthe.	EXTRACTUM (*Opostol:*) Absinthii
					» ...d'Aconit	» ..Aconiti.....
					» ...d'Agaric	» ..Agarici.....
					» ...d'Aloës	» ..Aloës.
					» ...d'Armoise.....	» ..Artemisiæ ....
					» ...d'Arnica	» ..Arnicæ.
					» ...d'Aunée	» ..Inulæ Hel:
					» ..de B: de Sureau. ...	» ..B:-Sambuci.
					» ..de Bardane.....	» ..Arctii Lap:
					» ..de Belladone.....	» ..Belladonæ....
					» ..de Bistorte	» ..Bistortæ.
					» ..de Bourrache. ...	» ..Borraginis...
					» ..de B: de Noix.	» ..Jugl: Reg:....
					» ..de Cachou.....	» ..Cathecu....
					» ..de Caïnça.....	» ..Caïncæ....
					» ..de Camomille	» ..Chamœmelli ....
					» ..de Cantharides.. ...	» ..Cantharidum..
					» ..de Casse	» ..Cassiæ ....
					» ..de Chardon B: ...	» ..Cardui B:....
					» ..de Chamœdris	» ..Chamœdrys.
					» ..de Chicorée.....	» ..Cichorii ....
					» ..de Chiendent	» ..Tritici Rep:.....
					» ..de Ciguë.....	» ..Cicutæ.....
					» ..de Colchique	» ..Colchici
					» ..de Cochléaria.....	» ..Cochleariæ ....
					» ..de Colombo.....	» ..Cocculi P:....
					» ..de Coloquinte. ...	» ..C: Colocynth:....
					» ..de Concombre. ...	» ..Ecbalii El:....
					» ..de Cresson	» ..Nasturtii.....
					» ..de Digitale	» ..Digitalis.....
					» ..de Douce-Am: ...	» ..Dulcamaræ.

1.	2.	3.	4.	5.	NOMS FRANÇAIS.	NOMS LATINS.
					EXTRAIT (*Opostolé*) de Laitue. .	EXTRACTUM (*Opostolet;*) Lactucæ
					» ..d'Ellébore N:. . . .	» ..Ellebori N:. . . . .
					» ..de Fiel de B:. . . .	» ..Fellis Bov: . . . .
					» ..de Fumeterre. . . .	» ..Fumariæ . . . . .
					» ..de Gayac.	» ..Guayaci . . . . .
					» ..de Genièvre	» ..Juniperi. . . . .
					» ..de Gentiane. . . .	» ..Gentianæ. . . . .
					» ..de Groseilles. . . .	» ..Ribes Rub:. . . .
					» ..de Houblon	» ..Humuli L: . . .
					» ..d'Ipéca.	» ..Ipecacuan: . . . .
					» ..de Jalap	» ..Jalapæ.. . . . .
					» ..de Jusquiame	» ..Hyosciami. . . .
					» ..de Myrrhe.	» ..Myrrhæ. . . . .
					» ..de Nerprun.	» ..Rhamni Cath:. . . .
					» ..de Noix V:	» ..Nucis V: . . . .
					» ..d'opium.	» ..Opii. . . . . .
					» ..d'Ortie	» ..Urtricæ D:. . . .
					» ..de Pareira Br: . . .	» ..Pareiræ Br:. . . .
					» ..de Patience.	» ..Patientiæ . . . .
					» ..de Pavôts.	» ..Papaveris . . . .
					» ..de Pensées:.	» ..Violæ Arv: . . . .
					» ..de Persil.	» ..Apii Pet:. . . . .
					» ..de G: Centaur. . . .	» ..Cent: Centaur: . . .
					» ..de Pissenlit.	» ..Taraxaci. . . . .
					» ..de Polygala	» ..Polygalæ. . . . .
					» ..de Quassia	» ..Quassiæ. . . . .
					» ..de Quina	» ..Kinæ. . . . . .
					» ..de Raisins.	» ..Uvarum. . . . .
					» ..de Ratanhia. . . .	» ..Kramer: Ix: . . .
					» ..de Réglisse	» ..Glycyrrhizæ . . . .
					» ..de Rhubarbe. . . .	» ..Rhei . . . . . .
					» ..de Rue.	» ..Rutæ. . . . . .
					» ..de Sabine.	» ..Sabinæ.. . . . .
					» ..de Safran	» ..Croci Sat:. . . .
					» ..de Salsepareille . . .	» ..Sarsaparil: . . .
					» ..de Saponaire. . . .	» ..Saponariæ. . . .
					» ..de Saturne.. . . .	» ..S: Ac: Plumb: . .
					» ..de Scille.	» ..Scillæ. . . . . .
					» ..de Séné.	» ..Sennæ.. . . . .
					» ..de S: de Bellad: . .	» ..S: Belladonæ. . .
					» ..de S: de Jusq: . . .	» ..S: Hyosciami . . .
					» ..de S: de Stram:. .	» ..S: Stramonii. . . .
					» ..de Stramonium. . .	» ..Stramonii. . . . .
					» ..de Trèfle d'E: . . .	» ..Menyanthes. . . .
					» ..de Valériane. . . .	» ..Valerianæ. . . . .
					ÉCORCE (ÉCORCES) d'Angust: Vr:	CORTEX (CORTICES) Angusturæ .
					» ..d'Angust: F: . . .	» ..Ps: Angust:. . . .
					» ..de Bergamotte. . .	» ..Bergamiæ. . . . .
					» ..de Bigarades. . . .	» ..Bigaradiæ. . . . .
					» ..de Canel: de Ch: . .	» ..Cinnam: Ch: . . .
					» ..de Canel: de Ceyl: .	» ..Cinnam: Zeyl: . . .
					» ..de Canel: Bl:. . . .	» ..Cinnam: Alb:. . .
					» ..de Cascarille. . . .	» ..Cascarillæ. . . . .
					» ..de Cassia Lign: . .	» ..Cassiæ Lign: . . .
					» ..de Cédrats.	» ..Citri Med: . . . .

1.	2.	3.	4.	5.	NOMS FRANÇAIS.	NOMS LATINS.
					ÉCORCE (ÉCORCES) de Chêne	CORTEX (CORTICES) Quercûs.
					» ..de Cynoglosse.	» ..Cynoglossi.
					» ..de Winter.	» ..Winteri.
					» ..de Sureau.	» ..Sambuci.
					» ..de Garou.	» ..Gnaphal: D:
					» ..de Limons	» ..Limoni.
					» ..d'Oranges.	» ..Aurantii.
					» ..d'Oran: Am:	» ..Aurantii Am:
					» ..d'Orme.	» ..Ulmi.
					» ..de Kina Gr:	» ..Cinch: Cond:
					». ..de Kina J:	» ..Cinch: Cord:
					» ..de Kina R:	» ..Cinch: Obl:
					» ..de Simarouba.	» ..Simarubæ.
					FÈVES.... Tonka.	FABÆ.....Tunkinens:
					» ..St-Ignace.	IGNATIA ..Amara
					FIGUES... Grasses.	CARICÆ...Pingues.
					FOLLICULES de Séné	FOLLICULI. Sennæ.
					FÉCULE (*Amidolé*) de Sagou..	FECULA (*Amidoletum*) Sagu.
					» ..de Tapioka.	» ..Jatrophæ M:
					» ..d'Arrow-Root	» ..Marantæ Or:
					» ..de Riz.	» ..Oryzæ Sat:
					» ..de Pom: de T:	» ..Solani Tub:
					» ..d'Amidon.	» ..Amyli.
					FEUILLES..d'Absinthe.	FOLIA.... Absinthii
					» ..d'Aconit.	» ..Aconiti.
					» ..d'Aigremoine.	» ..Agrimoniæ.
					» ..d'Amandier.	» ..Amygd: Sat:
					» ..d'Angélique.	» ..Angelicæ.
					» ..d'Anémone	» ..Anemonæ.
					» ..d'Armoise.	» ..Artemisiæ.
					» ..d'Asarum.	» ..Asari.
					» ..de Beccabunga	» ..Beccabungæ.
					» ..de Belladone.	» ..Belladonæ.
					» ..de Bétoine.	» ..Betonicæ
					» ..de Bourrache.	» ..Borraginis.
					» ..de Bouillon Bl:	» ..Verbasci:
					» ..de Buis.	» ..Buxi S:
					» ..de Bugle	» ..Ajugæ Rep:
					» ..de Buglosse.	» ..Anchusæ It:
					» ..de Cabaret.	» ..Azari E:
					» ..de Calament.	» ..Melissæ Cal:
					» ..de Cerfeuil.	» ..Scand: Ceref:
					» ..de Chardon B:	» ..Cardui B:
					» ..de Chamœdrys.	» ..Chamœdris
					» ..de Chamœpit:	» ..Chamæpitys.
					» ..de Chicorée S:	» ..Cichorii
					» ..de Chou R:	» ..Brassicæ Ol:
					» ..de Gr: Ciguë.	» ..Conii Mac:
					» ..de Cochléaria	» ..Cochleariæ
					» ..de Cresson.	» ..Nasturtii.
					» ..de Dict: de C:	» ..Origani D:
					» ..de Digitale.	» ..Digitalis.
					» ..d'Erysimum.	» ..Erysimi.
					» ..de Fenouil.	» ..Fœniculi.

1.	2.	3.	4.	5.	NOMS FRANÇAIS.	NOMS LATINS.
					FEUILLES .. de Fumeterre	FOLIA ... Fumariæ
					» ..de Jusquiame	» ..Hyosciami
					» ..d'Hysope	» ..Hyssopi
					» ..de Houblon	» ..Humuli L:
					» ..de Laitue	» ..Lactucæ
					» ..de Laitue V:	» ..Lactucæ V:
					» ..de Laurier	» ..Lauri
					» ..de Laurier C:	» ..Lauri C:
					» ..de Lierre	» ..Hederæ Hel:
					» ..de Lierre T:	» ..Glecomæ Hed:
					» ..de Livêche	» ..Ligust: Livist:
					» ..de Malabatr:	» ..Lauri Malab:
					» ..de Mandragore	» ..Mandragoræ
					» ..de Marjolaine	» ..Majoranæ
					» ..de Marrube	» ..Marrubii
					» ..de Matricaire	» ..Matricariæ
					» ..de Marum	» ..Mari
					» ..de Mauve	» ..Malvæ
					» ..de Mélilot	» ..Meliloti
					» ..de Melisse	» ..Melissæ
					» ..de Menyanthe	» ..Menianthes
					» ..de Menthe C:	» ..Menthæ C:
					» ..de Menthe P:	» ..Menthæ P:
					» ..de Mercuriale	» ..Mercurialis
					» ..de Millepert:	» ..Hyperici
					» ..de Morelle	» ..Solani N:
					» ..de Myrte	» ..Myrti Com:
					» ..de Narc: des P:	» ..Ps: Narcissi
					» ..de Nicotiane	» ..Nicotianæ
					» ..de Noyer	» ..Jugl: Reg:
					» ..d'Oranger	» ..Aurantii
					» ..d'Oseille	» ..Acetosæ
					» ..de Pariétaire	» ..Parietariæ
					» ..de Pêcher	» ..Amygd: Pers:
					» ..de Pensée S:	» ..Violar: Arv:
					» ..de Pervenche	» ..Vincæ
					» ..de Pissenlit	» ..Taraxaci
					» ..de Plantain	» ..Plantaginis
					» ..de Pouliot	» ..Pulegii
					» ..de Pom: Ép:	» ..Dat: Stramon:
					» ..de Pulmonaire	» ..Pulmonariæ
					» ..de Rhus R:	» ..Rhus Tox:
					» ..de Romarin	» ..Romarini
					» ..de Ronces	» ..Rubi Fruct:
					» ..de Rue	» ..Rutæ
					» ..de Sabine	» ..Sabinæ
					» ..de Sanicle	» ..Saniculæ
					» ..de Sariette	» ..Satureiæ
					» ..de Sauge	» ..Salviæ
					» ..de Scabieuse	» ..Scabiosæ
					» ..de Scolopend:	» ..Scolopend:
					» ..de Scordium	» ..Scordii
					» ..de Séné	» ..C: Sennæ
					» ..de Seneçon	» ..Senecionis
					» ..de Stramonium	» ..Stramonii

1.	2.	3.	4.	5.	NOMS FRANÇAIS.	NOMS LATINS.
					FEUILLES.. de Serpolet.	FOLIA .... Thymi Serp:
					» ..de Thé.	» .. Theæ.
					» ..de Thym.	» .. Thymi V:.
					» ..d'Uva Ursi.	» ..Uvæ Ursi.
					» ..de Véronique	» ..Véronicæ.
					FLEURS ...d'Arnica.	FLORES ... Arnicæ.
					» ..de Bluet.	» .. Cyani.
					» ..de Bourrache	» .. Borraginis.
					» ..de Bouil: Bl:	» ..Verbasci T:.
					» ..de Bugle	» .. Ajugæ Rep:
					» ..de Buglosse	» .. Anchusæ It:
					» ..de Caillelait	» ..Azari E:
					» ..de Camomil: V:	» .. Chamæmelli.
					» ..de Camomil: R:	» ..Anthem: Nob:.
					» ..de P: Centaur:	» ..Eryth: Centaur:.
					» ..de Girofles.	» ..Caryophyl:
					» ..de Grenadier	» .. Punicæ Gr:.
					» ..de Guimauve	» ..Althææ.
					» ..de Lavande	» ..Lavandulæ.
					» ..de Houblon	» ..Humuli L:
					» ..de Matricaire	ô ..Matricariæ.
					» ..de Mélilot.	» ..Meliloti.
					» ..de Mauve.	» ..Malvæ.
					» ..de Myrte	» ...Myrti Com..
					» ..de Narc: des P:.	» ..Ps: Narcissi.
					» ..de Nymphœa	» ..Nymphææ.
					» ..d'Oranger.	» ..Aurantii.
					» ..d'Ortie Bl:	» ..Urticæ D:.
					» ..de Pêcher.	» ..Amygd: Pers:.
					» ..de Pied de Ch:	» ..Gnaphal: D:
					» ..de Pivoine.	» ..Pæoniæ.
					» ..de Scabieuse.	» ..Scabiosæ..
					» ..de Semen C:..	» ..Artemis: Cont:
					» ..de Soufre.	» ..Sulfuris.
					» ..de Stœchas	» ..Stœchas.
					» ..de Sureau.	» ..Sambuci.
					» ..de Tilleul.	» .Tiliæ.
					» ..de Tussillage.	» ..Tussilaginis.
					» ..de Violettes.	» ..Violarum
					» ..de Zinc.	OXIDUM... Zincic: Ig: P:.
					» ..de Benjoin.	ACIDUM... Benzoic: S: P:
					» ..de Soufre L:	SULFUR ... Sublim: et: Lot:.
					» ..Arg.: d'Antimoine.	OXIDUM... Stib: Igne P:
					» ..Mart: Ammoniac:.	CHLORURETUM Ferroso–Amm:
					FOIE ....de Soufre.	SULFURETUM.. Potassicum.
					» ..d'Antimoine.	OXIDUM... Stib: Semi-Vitr:.
					FARINES (*Amidolés*) Emollientes.	FARINÆ (*Amidolet:*) Emollientes
					» ..Résolutives.	» ...Resolutivæ
					FARINE (*Amidolé*) de Riz.	FARINA (*Amidolet:*) Oryzæ Sat:.
					» ..de Lin.	» ..Lini.
					» ..de Moutarde.	» ...Sinapis.
					FERROCYANATE de Quinine	FERROCYANAS Quinicus.
					GRAINS (*Saccharol: S:*) de Cachou	TABELLÆ (*Saccharol: S:*) Cathecu
					GRAINS (*Saccharid: S:*) de Vie.	PILULÆ (*Saccharid: S:*) Antecib:

1.	2.	3.	4.	5.	NOMS FRANÇAIS.	NOMS LATINS.
					GRAINE....de Lin....	SEMEN....Lini....
					GRAINE...d'Ambrette....	HIBISCUS..Habelmosc:....
					GAYAC. ...(Oleole) d'Anis..	GUAYACUM....
					GALBANUM....	GALBANUM....
					GALIPOT....	GALIPOT....
					GOMME ...Adraganthe....	GUMMI....Tragacanth:....
					» ..Ammoniaq:....	» ..Ammoniac:....
					» ..Arabique..	» ..Arabicum....
					» ..Gutte....	» ..Gutta....
					» ..Kino....	» ..Kino....
					» ..du Sénégal....	» ..Senegalense....
					GUY......de Chêne....	VISCUM...Album....
					GRUAU....	GRUTELLUM....
					HYDROCHLORATE de Chaux....	HYDROCHLOR: Calcicus....
					» ..de Potasse....	» ..Potassicus....
					» ..d'Ammoniaque....	» ..Ammonicus....
					HYDRIODATE de Potasse....	HYDRIODAS Potassicus....
					» ..de Fer....	» ..Ferricus....
					HYDROCYANATE de Fer....	HYDROCYANAS Ferricus....
					HYDROSULFATE d'Antimoine..	HYDROSULFAS Stibicus....
					S:-HYDROSULF: de Soude....	S:-HYDROSULF: Sodicus....
					HYPOSULF:....de Soude....	HYPOSULF: Sodicus....
					HUILE....(Oleole) d'Absinthe.	OLEUM (Oleoletum) Absinthii.
					» ..d'Amandes D:....	» ...Amygd: D:....
					» ..de Belladone....	» ..Belladonæ....
					» ..de Camomille....	» ..Chamæmelli....
					» ..de Ben....	» ..Moringæ....
					» ..d'Aspic....	» ..Lavand: Sp:....
					» ..de Cantharid:....	» ..Cantharid:....
					» ..Camphrée....	» ..Camphorat:....
					» ..de Ciguë....	» ..Cicutæ....
					» ..de Croton....	» ..Crot: Tiglii....
					» ..d'Épurge....	» ..E: Lathyris....
					» ..de Fénugrec....	» ..Fœni Græci....
					» ..d'Hypéricum....	» ..Hyperici....
					» ..de Jusquiame....	» ..Hyosciami....
					» ..de Laurier....	» ..Lauri....
					» ..de Lin....	» ..Lini....
					» ..de Mandragore....	» ..Mandragoræ....
					» ..de Mélilot....	» ..Meliloti....
					» ..de Muscades....	» ..Moschatæ....
					» ..de Morelle....	» ..Solani N:....
					» ..de Noisettes....	» ..Avellanæ....
					» ..de Nicotiane....	» ..Nicotianæ....
					» ..de Noix....	» ..Nucis....
					» ..d'OEufs....	» ..Ovorum....
					» ..de Ricin....	» ..Ricini....
					» ..Rosat....	» ..Rosatum....
					» ..de Rue....	» ..Rutæ....
					» ..de S: Froides....	» ..Sem:-Frigid....
					» ..de Stramon:....	» ..Stramonii....
					» ..de Sureau....	» ..Sambuci....
					HUILE VOL: (Oléolat) d'Anis..	OLEUM (Oleolatum) Anisi....
					» ..d'Absinthe....	» ..Absinthii....

1.	2.	3.	4.	5.	NOMS FRANÇAIS.	NOMS LATINS.
					HUILE VOL: (*Oléolat*) d'Amand: A:	OLEUM (*Oleolatum*) Amygd: Am:
					» ..de Basilic	» ..Basilici
					» ..de Bergamot:	» ..Bergamiæ
					» ..de Bigarades.	» ..Bigaradiæ.
					» ..de B: de Rhodes.	» ..Ligni Rhod:
					» ..de Camomille	» ..Chamæmelli.
					» ..de Canelle.	» ..Cinnamomi.
					» ..de Cédrats	» ..Citri Med:
					» ..de Citrons	» ..Limoni..
					» ..de Fenouil.	» ..Fœniculi..
					» ..de Genièvre.	» ..Juniperi.
					» ..de Girofles.	» ..Caryophyl:
					» ..de Laurier C:	» ..Lauri C:
					» ..de Menthe.	» ..Menthæ.
					» ..de Moutarde.	» ..Sinapis..
					» ..d'Oranges.	» ..Aurantii.
					» ..de Fl: d'Orang:	» ..Fl: Aurantii.
					» ..de Romarin.	» ..Rosmarini.
					» ..de Roses.	» ..Rosarum
					» ..de Rue.	» ..Rutæ.
					» ..de Sassafras	» ..Sassafras.
					» ..de Sauge.	» ..Salviæ.
					» ..de Tanaisie..	» ..Tanaceti.
					» ..de Thym	» ..Thymi
					» ..de Corne de Cerf.	» ..Cornu C:
					» ..de Succin.	» ..Succini.
					ICHTHYOCOLLE.	ICHTHYOCOLLA.
					IRIS......de Florence.	IRIS......Florentina.
					IODE.	IODUM.
					IODURE...de Fer	IODURETUM Ferricum.
					» ..de Plomb.	» ..Plumbicum.
					» ..de Potassium	» ..Potassii.
					» ..de Soufre.	» ..Sulfuricum..
					» ..de Mercure	» ..Hydrargyricum
					PROTO-IODURE de Mercure.	PROTO-IODURET: Hydrargyric:
					DEUTO-IODURE de Mercure.	DEUTO-IODURET: Hydrargyric:
					KERMÈS...Animal.	COCUS....Illicis.
					» ...Minéral.	KERMÈS ..Minerale.
					LAUDANUM (*Œnolé*) de Rousseau.	LAUDANUM (*Œnolet:*) Rousseau
					» ..de Sydenham	» ..Syndenhami.
					LITHARGE	LITHARGYRUM..
					LABDANUM.	LABDANUM.
					LIQUEUR ..d'Hoffmann	ÆTHER ...Sulfur: Alc:
					» ..de Labarraque.	HYPOCHLORIS Sodic: Aq: Sol:
					» ..de Fowler	ARSENIS ..Potassicus.
					» ..de Van-Swiet:	CHLORURETUM Hydrarg: Aq: S:.
1.		3.	4.		LYCOPODE.	LYCOPODIUM.
					LESSIVE...des Savoniers	OXIDUM Sodic: Aq: Sol:
					LIMAILLE..de Fer	LIMATURA Ferri
					» ..d'Acier.	» ..Ferri Repurg:
					MAGISTÈRE de Bismuth.	S:-NITRAS. Bismuthi.

1.	2.	3.	4.	5.	NOMS FRANÇAIS.	NOMS LATINS.
					MAGISTÈRE de Soufre.	SULFUR Præcipitat: . . . .
					MACIS.	MYRISTICA Moschata. . . . .
					MASTIC	MASTICHE . . . .
					MERCURE.	HYDRARGYRUM . . . . . .
					MOUSSE. . . de Corse	FUCUS . . . . Helminthoc: . . .
					MUSC.	MOSCHUS. . . . .
					MOUTARDE. Noire.	SINAPIS. . . Nigra. . . . .
					» . . . Blanche.	. . » . . . Alba . . . . .
					MYRRHE.	MYRRHA . . . .
					» . . . en Larmes	. . » . . . Lacrymata . . . .
					MANNE. . . . en Larmes . . .	MANNA. . . . Lacrymata. . . .
					MAGNÉSIE. Calcinée.	MAGNESIA. Usta . . . . .
					» . . Décarbonatée . . .	. . » . . Decarbonata. . . .
					MERCURE. . Doux.	CHLORURETUM Hydrarg: Subl: .
					» . . à la Vapeur. . . .	» . . Hydrarg: ad: V: . .
					MIEL (*Mélolé*) Colchique. . .	MEL (*Meloletum*) Colchicum . .
					» . . Mercurial.	» . . Mercuriale . . . .
					» . . Rosat.	» . . Rosatum . . . . .
					» . . Scillitique	» . . Scilliticum . . . .
					MURIATE. . d'Ammoniaq: . . .	MURIAS. . . Ammonicus. . .
					» . . de Baryte.	» . . Baryticus. . . .
					» . . de Chaux.	» . . Calcicus . . . .
					» . . de Fer Am:	» . . Ferricus Am: . . .
					» . . de Potasse	» . . Potassicus . . . .
					» . . d'Or	» . . Auricus. . . . .
					» . . de Zinc.	» . . Zincicus . . . .
					MIXTURE. . Cathérétiq:	MIXTURA. . Cathæretica. . . .
					NÉROLI.	OLEUM (*Oleolat:*) Fl: Aurant: .
					NITRATE. . d'Argent	NITRAS. . . Argenticus . . .
					» . . d'Argent F:	» . . Argentic: F: . . .
					» . . de Potasse	» . . Potassicus. . . .
					» . . de Potasse F: . . .	» . . Potassicus F: . . .
					S:-NITRATE de Bismuth. . . .	S:-NITRAS. Bismuthicus. . . .
					NOIX. . . . de Galles . . .	QUERCUS: . Infectoria. . . .
					» . . Vomiques.	STRYCHNOS Nux Vomica . . .
					» . . Vomiq: Rap: . . .	RASURA. . . Str: Nuc: V: . .
					» . . Muscades	NUCES. . . . Moschatæ. . . .
					OS. . . . . . de Sèche	OSSA. . . . . Sepiæ. . . . .
					OLIBAN.	OLIBANUM. . . . . . .
					OPIUM.	OPIUM. . . . .
					OPOPANAX.	OPOPANAX. . . . . . .
					ORGE. . . . Mondé	HORDEUM. . Mundatum . . .
					» . . Perlé.	» . . Perlatum . . . .
					OPIAT . . . Dentifrice. . . .	OPIATA . . . Dentifrica. . . .
					» . . Fébrifuge.	» . . Febrifuga. . . .
					» . . de Rousseau . . .	» . . Rousseau. . . .
					OXIDE. . . . d'Antimoine . . .	OXIDUM . . Stibicum . . . .
					» . . de Fer	» . . Ferricum. . . .
					» . . de Fer N:	» . . Ferricum N: . . .
					» . . de Fer R:	» . . Ferricum R: . . .
					» . . de Fer H:	» . . Ferric: Aq: P: . . .
					» . . de Mercure . . .	» . . Hydrargyric: . . .
					» . . de Mercure N: . . .	» . . Hydrarg: N: . . .

1.	2.	3.	4.	5.	NOMS FRANÇAIS.	NOMS LATINS.
					OXIDE. . . . de Plomb.	OXIDUM. . . Plumbicum . . . . .
					» . . de Mercure R: . . .	» . . Hydrarg: R: . . .
					» . . de Zinc.	» . . Zincicum. . . . .
					» . . de Plomb. R:	» . . Plumbic: R: . . . .
					» . . de Magnésie	» . . Magnesic: . . . .
					PEROXIDE . de Fer	PEROXIDUM Ferricum . . . . .
					» . . de Manganèse. . . .	» . . Manganesic: . . .
					PROTOXIDE de Mercure	PROTOXIDUM Hydrargyric: . . .
					DEUTOXIDE . de Mercure	DEUTOXIDUM Hydrargyric: . . .
					PROTOXIDE de Plomb:	PROTOXIDUM Plumbicum: . . .
					DEUTOXIDE de Plomb:	DEUTOXIDE Plumbicum . . . .
					OXIMEL. . Simple	OXIMEL. . . Simplex. . . . . .
					» . . Scillitique.	» . . Scilliticum . . . .
					ONGUENT (*Stéarolé*) Egyptiac .	UNGUENT: (*Stearolet:*) Ægyptiac:
					» . . d'Arcæus.	» . . Arcæi . . . . . .
					» . . d'Althéa.	» . . Althææ. . . . . .
					» . . Basilicum.	» . . Basilicum. . . . .
					» . . de Razis	» . . Albi Rhaz: . . . .
					» . . Brun.	» . . Fuscum . . . . .
					» . . de Canet	» . . C: Oxido Fer: . . .
					» . . Citrin.	» . . C: Nit: Hydr: . . .
					» . . Gris	» . . Hydrargyr: S: . . .
					» . . de Laurier	» . . Lauri. . . . . .
					» . . de la Mère	» . . Matris . . . . .
					» . . Mercuriel.	» . . Hydrargyros: . . .
					» . . Napolitain.	» . . Hydrargyros: . . .
					» . . Nitrique	» . . Nitricum . . . . .
					» . . Nutritum.	» . . Nutritum. . . . .
					» . . Populeum.	» . . Populeum. . . . .
					» . . Rosat.	» . . Rosatum . . . . .
					» . . Styrax	» . . Styrax . . . . . .
					» . . de Tuthie.	» . . Tuthiæ. . . . . .
					POLYPODE.	POLYPODIUM. . . . .
					PIMENT.	CAPSICUM . Annuum. . . . . .
					PIERRE. . . . Divine	LAPIS. . . . . Divinus. . . . .
					» . . Ponce	» . . Pumex. . . . . .
					» . . Infernale	NITRAS . . . Argentic: Fus: . .
					» . . Calaminaire. . . .	LAPIS . . . . Calaminaris . . . .
					PIGNONS . . d'Inde	JATROPHA. Curcas . . . . . .
					» . . Doux.	PINEOLI. . . . . .
					PATE (*Saccharolé M:*) de Guim:	MASSA (*Saccharol: M:*) Althææ.
					» . . de Jujubes	» . . Ziziphi . . . . . .
					» . . de Lichen	» . . Lichenis . . . . .
					» . . de Gomme	» . . Gummi. . . . . .
					» . . de Réglisse	» . . Glycyrrhizæ . . . .
					POTÉE. . . . d'Etain.	OXIDUM . . Stannicum. . . . .
					» . . d'Emeri	AMYRIS. . . Impurum. . . . . .
					POTASSE . . à l'Alcool.	HYDRAS. . . Potassicus. . . . .
					» . . à la Chaux	LAPIS C: . . Cum Calce . . . .
					» . . Pure.	HYDRAS. . . Potassicus. . . . .
					» . . Perlasse	POTASSA . . Perlassa. . . . .
					PRÉCIPITÉ. Blanc. . . . . R: . . .	CHLORURETUM Hydrarg: Præc: .
					» . . Rouge	OXIDUM. . . Hydrargyr: R: . . .
					PRUSSIATE . de Potasse	PRUSSIAS. . Potassicus. . . . . .

1.	2.	3.	4.	5.	NOMS FRANÇAIS.	NOMS LATINS.
					PRUSSIATE. de Fer	PRUSSIAS.. Ferricus.
					» ..de Mercure	.. » ..Hydrargyric.
					» ..de Quinine	.. » ..Quinicus.
					PHOSPHATE de Chaux.	PHOSPHAS. Calcicus.
					» ..de Soude.	.. » ..Sodicus.
					PETROLE	PETROLUM.
					PLOMB..	PLUMBUM..
					POIVRE...à queue.	PIPER .... Cubeba.
					» ..Noir	.. » ..Nigrum.
					» ..Blanc.	.. » ..Album
					» ..Long.	.. » ..Lungum
					» ..Cubèbes	.. » ..Cubeba.
					POIX ....de Bourgogne.	PIX ... ..Burgundina.
					» ..Blanche.	.. » ..Alba.
					PASTILLES (*Saccharol: S:*)de Vichy	PASTILLI (*Saccharol: S:*) Vichy.
					» ..de d'Arcet	.. » ..d'Arcet..
					» ..de Citrons	.. » ..Limoni.
					» ..de Fl: d'Orang:	.. » ..Fl: Aurant:.
					» ..de Menthe	.. » ..Menthæ.
					» ..de Roses	.. » ..Rosarum
					» ..Vermifuges	.. » ..Vermifugi.
					» ..Pour la soif.	.. » ...Ad Sitim..
					PILULES (*Saccharid: S:*)de Savon	PILULÆ (*Saccharid: S:*) Saponis.
					» ..d'Anderson	.. » ..Andersonis.
					» ..Antecibum	.. » ..Antecibum..
					» ..Arsénicales	.. » ..C: Acido Ars:.
					» ..Asiatiques.	.. » ..C: Acido Ars:.
					» ..de Bacher	.. » ...T: Bacher.
					» ..de Bontius	.. » ..Bontii.
					» ..B: de Morton.	.. » ..B: Morton
					» ..de Cynoglosse.	.. » ..Cynoglossi.
					» ..Écossaises.	.. » ..Andersonis
					» ..Gourmandes	.. » ..Antecibum..
					» ..Hydragogues	.. » ..Hydragogæ
					» ..de Méglin.	.. » ..Meglin
					» ..Mercurielles.	.. » ..Hydrargyrosæ.
					» ..de Térébenth:	.. » ..Therebenth:
					POUDRE (*Pulvérolé*)d'Ac: de Cuiv:	PULVIS (*Pulverolet:*) Ac: Cupric:
					» ..d'Ac: de Plomb.	.. » ..Ac: Plumbic:.
					» ..d'Ache.	.. » ..Apii Grav:
					» ..d'Ac: Citrique	.. » ..Ac: Citric:
					» ..d'Ac: Tartriq:	.. » ..Ac: Tartric:
					» ..d'Aconit	.. » ..Aconiti.
					» ..d'Acorus	.. » ..Acori.
					» ..d'Agaric	.. » ..Agarici.
					» ..d'Algoroth	OXICHLORUR: Stibicum.
					» ..d'Aloës.	PULVIS....Aloës.
					» ..d'Alun	.. » ..Aluminis.
					» ..d'Amome.	.. » ..Amomi.
					» ..d'Ammi.	.. » ..Ammi.
					» ..d'Angélique.	.. » ..Angel: Arch:
					» ..d'Angusture	.. » ..Angusturæ..
					» ..d'Anis	.. » ..Anisi.
					» ..Antimoniale	.. » ..C: Stibico C:.
					» ..d'Aristoloche	.. » ..Aristolochiæ

3

1.	2.	3.	4.	5.	NOMS FRANÇAIS.	NOMS LATINS.
					POUDRE (*Pulvérolé*) d'Arum	PULVIS (*Pulverolet:*) Ari.
					» ..de Fl: d'Arnica	» ..Fl: Arnicæ
					» ..de R: d'Arnica	» ..R: Arnicæ
					» ..d'Argiles	» ..Boli Orient:
					» ..Ars: du F: C:	» ..Escharot: Ars:
					» ..de Rousselot	» ..Escharot: Ars:
					» ..d'Arrête de Bœuf	» ..Ononis Sp:
					» ..d'Asarum	» ..Asari
					» ..d'Assa-Fœtida	» ..Asæ Fœtidæ
					» ..d'Asclepias	» ..Asclep: Vinc:
					» ..d'Aunée	» ..Inulæ Hel:
					» ..de Bardane	» ..Arctii Lap:
					» ..de B: de Tola	» ..Bals: Toluif:
					» ..de Belladone	» ..Belladonæ
					» ..de Benjoin	» ..Benzoës
					» ..de Bicarb: de S:	» ..Bicarb: Sod:
					» ..de B: d'Aloës	» ..Lig: Aloës
					» ..de B: de Santal C:	» ..L: Santali Al:
					» ..de B: de Santal R:	» ..L: Pter: Santal:
					» ..de Bol d'Arm:	» ..Boli Arm:
					» ..de Bryone	» ..Bryoniæ
					» ..de Cachou	» ..Cathechu
					» ..de Caille-Lait	» ..Galii V:
					» ..de Camomille	» ..Chamœmelli
					» ..de Camphre	» ..Camphoræ
					» ..de Cannelle	» ..Cinnamomi
					» ..de Cannel: Bl:	» ..Cinnam: Alb:
					» ..de Cantharid:	» ..Cantharid:
					» ..de C: de Pavôt	» ..C: Papaver:
					» ..de Carb: de Ch:	» ..Carb: Calcic:
					» ..de Cardamome	» ..Cardamomi
					» ..de Cascarille	» ..Cascarillæ
					» ..de Castoréum	» ..Castorei
					» ..de P: Centaurée	» ..Eryth: Centaur:
					» ..de Céruse	» ..Carb: Plumbic:
					» ..de Cevadille	» ..Sabadillæ
					» ..de Charbon	» ..Carbonis
					» ..de Chaux	» ..Calcis
					» ..de Ciguë	» ..Cicutæ
					» ..de Cloportes	» ..Onisci Asel:
					» ..de Cochenille	» ..Coccinellæ
					» ..de Colophone	» ..Colophoniæ
					» ..de Colombo	» ..Cocculi P:
					» ..de Coloquinte	» ..Colocynthid:
					» ..de Contrayerya	» ..Contrayervæ
					» ..de Corail R:	» ..Isidis Nob:
					» ..de Cornachine	» ..Cornachinæ
					» ..de C: de Tart:	» ..Bi-Tart: Pot:
					» ..de C: de Tart: S:	» ..Tart: Borico-P:
					» ..de Cubèbes	» ..Cubebar:
					» ..de Curcuma	» ..Curcumæ
					» ..Dentifrice	» ..Dentifricus
					» ..de D: de Crète	» ..Orig: Dictam:
					» ..de Digitale	» ..Digitalis
					» ..de Dower	» ..Doweri

1.	2.	3.	4.	5.	NOMS FRANÇAIS.	NOMS LATINS.
					POUDRE (*Pulvérole*) d'Iris. . .	PULVIS (*Pulverolet:*) Iridis . . .
					» ..Diurétique	» ..Diureticus. . . . .
					» ..d'Éc: de Chêne. . . .	» ..Cort: Quercûs. . . .
					» ..d'Éc: de Garou. . .	» ..Cort: Daph: G:. . .
					» ..d'Éc: d'Orme. . .	» ..Cort: Ulmi. . . .
					» ..d'Éc: de Sureau. . .	» ..Cort: Sambuci . . .
					» ..d'Ellébore N:. . . .	» ..Veratri Albi. . . .
					» ..d'Ellébore Bl: . . .	» ..Hellebori N: . . .
					» ..d'Émétique. . . .	» ..Tart: Stib: P: . . .
					» ..Escar: Ars: . . .	» ..Eschar: Ars:. . . .
					» ..d'Etain.	» ..Stanni . . . . .
					» ..d'Euphorbe. . . .	» ..Euphorbii . . . .
					» ..de Fougère M:. . .	» ..Filicis M:. . . .
					» ..de Gayac. . , . . .	» ..Guayaci . . . .
					» ..de Galbanum. . .	» ..Galbani . . . .
					» ..de Galanga. . . .	» ..Galangæ . . . .
					» ..de Gentiane . . .	» ..Gentianæ. . . .
					» ..de Gingembre. . .	» ..Zinziberis . . .
					» ..de Gom: Adr: . . .	» ..Gum: Tragac: . .
					» ..de Gom: Am: . . .	» ..Gum: Am? . . .
					» ..de Gom: Arab:. . .	» ..Gum: Arab: . . .
					» ..de Gom: Gut: . . .	» ..Gum: Guttæ . . .
					» ..de Guimauve . . .	» ..Althææ. . . .
					» ..d'Epéca.	» ..Ipecacuanh: . . .
					» ..de Jalap	» ..Jalapæ . . . .
					» ..de James.	» ..C: Stibico C:. . .
					» ..de Jusquiame. . .	» ..Hyosciami . . .
					» ..de Kermès. . . .	» ..Kermetis. . . .
					» ..de Kino	» ..Kino. . . .
					» ..de Leayson. . . .	COLLYRIUM S: Ammoniac: . . .
					» ..de Lichen	PULVIS ....Lichenis . . . .
					» ..de Litharge. . . .	» ..Lithargyri. . . .
					» ..de Magnésie . . .	PULVIS ....Magnesicus. . . .
					» ..de Mercure D: . . .	» ..Chlor: Hydr: . . .
					» ..de Millepert : . . .	» ..Hyper: Perf: . . .
					» ..de M: de Corse . . .	» ..Fuc: Helmint: . . .
					» ..de Moutarde . . .	» ..Sinapis . . . . .
					» ..de Musc	» ..Moschi. . . . .
					» ..de Nitr: de Pot:. . .	» ..Nitr: Potassic: . . .
					» ..d'Oliban	» ..Olibani. . . .
					» ..d'Opium.	» ..Opii . . . . .
					» ..d'Opopanax. . . .	» ..Opopanax. . . .
					» ..de Fl: d'Orang:. . .	» ..Fl: Aurant . . . .
					» ..d'Os de Sèche. . . .	» ..Ossæ Sepiæ . . .
					» ..de Pareira B:. . . .	» ..Pareira Br:. . . .
					» ..de Patience. . . .	» ..Patientiæ. . . .
					» ..de Perox: de Mang:	» ..Perox: Mang:. . .
					» ..de Pivoine	» ..Pæoniæ. . . . .
					» ..de Poivre Bl: . . .	» ..Piper: Albi. . . .
					» ..de Poivre C:	» ..Piper: Cub: . . .
					» ..de Poivre L:	» ..Piper: Long: . . .
					» ..de Poivre G:	» ..Piper: Nig: . . . .
					» ..pour Embaum: . . .	» ..ad Cond: Cadav: . . .
					» ..de Pyrèthre. . . .	» ..Pyrethri . . . .
					» ..de Quassia Am:. . .	» ..Quassiæ Am:. . . .

1.	2.	3.	4.	5.	NOMS FRANÇAIS.	NOMS LATINS.
					POUDRE (*Pulvérolé*) de Rhubarbe	PULVIS (*Pulverolet:*) Rhei....
					» ..de Réglisse.....	» ..Glycyrrhizæ......
					» ..de R: de Gayac...	» ..Res: Guayaci.....
					» ...de R: de Jalap....	» ..Res: Jalapæ.....
					» ..de R: de Mastic...	» ..R: Mastiche...
					» ..de R: de Sang: Dr: .	» ..R: Sang: Drac:...
					» ..de Riz.......	» ..Oryzæ Sat:.....
					» ..de Roses R:	» ..Rosar: Rub:.....
					» ..de Sabine.....	» ..Sabinæ......
					» ..de Safran......	» ..Croci Sat:.....
					» ..de Salep.......	» ..Orchidis M:....
					» ..de Salsepareille...	» ..Sarsaparillæ.....
					» ..de Sassafras....	» ..Sassafras.....
					» ..de Scille......	» ..Scillæ......
					» ..de Semen C: .	» ..Artem: Cont:....
					» ..de Séné......	» ..C: Sennæ.....
					» ..de Serpentaire....	» ..Serpentariæ.....
					» ..de Seigle Erg:..	» ..Sclerotii Cl:....
					» ..de Simarouba....	» ..Simarubæ......
					» ..de Stramonium...	» ..Stramonii.
					» ..de Sublimé C:....	» ..Chlor: Hydrarg:...
					» ..de Sulf: de Fer...	» ..Sulf: Ferric:....
					» ..de Sulf: de Pot:...	» ..Sulf: Potassic:....
					» ..de Sulf: de Zinc...	» ..Sulf: Zincic:.....
					» ..de Sulf: d'Ant:...	» ..Sulf: Stibic:....
					» ..de Suroxal: de P: .	» ..Suroxal: Pot:....
					» ..T: de Stahl.....	» ..T: Sthalii.....
					» ..de Thé:......	» ..Thææ.......
					» ..de Tormentille...	» ..Tormentillæ.....
					» ..de Tribus......	» ..de Tribus.....
					» ..d'Uva Ursi......	» ..Uvæ Ursi.....
					» ..de Valériane....	» ..Valerianæ.....
					» ..de Vanille......	» ..Vanillæ......
					» ..de Verdet......	» ..Acet: Cupr: C:...
					» ..Vermifuge......	» ..Vermifugus:.....
					» ..de Vienne......	LAPIS C:..Cum Calce....
					» ..de Violettes....	PULVIS...Violarum.....
					» ..de Winter......	» ..Winteri......
					» ..de Zédoaire.....	» ..Zedoariæ......
					REGULE...d'Antimoine.....	REGULUS..Stibii......
					RÉSINE....de Gayac......	RESINA....Guayaci.....
					» ..de Jalap......	» ..Jalapæ.....
					» ..de Kina......	» ..Kinæ.......
					» ..de Scammon:....	» ..Scammonii.....
					» ..de Turbith.....	» ..Turpethi.....
					» ..Élemi.......	» ..Elemi.
					KINA.....Gris........	CINCHONA.Condaminea.....
					» ..Jaune.......	» ..Cordifolia......
					» ..Rouge.......	» ..Oblongifolia.....
					ROSES....Pâles.......	ROSÆ....Centifoliæ......
					» ..Rouges......	» ..Rubræ......
					» ..de Provins......	» ..Rubræ......
					RAISINS...de Corinthe....	UVÆ......Corinthi......
					RHUBARBE.de Chine......	RHEUM...Palmatum......

1.	2.	3.	4.	5.	NOMS FRANÇAIS.	NOMS LATINS.
					RHUBARBE. de France.	RHEUM. . . . Gallicum.
					» . . de Moscovie.	» . . Undulatum
					RACINE (RACINES) d'Ache	RADIX (RADICES) Apii Grav:
					» . . d'Aconit.	» . . Aconiti.
					» . . d'Acore V:	» . . Acori V:
					» . . d'Arrête-B:	» . . Ononis Sp:
					» . . d'Arum.	» . . Ari.
					» . . d'Asarum.	» . . Asari.
					» . . d'Asperges.	» . . Asparaginis.
					» . . d'Aunée.	» . . Inulæ Hel:
					» . . de Bardane.	» . . Arctii Lap:
					» . . de Bistorte	» . . Bistortæ
					» . . de Belladone	» . . Belladonæ
					» . . de Bryone	» . . Bryoniæ.
					» . . de Cabaret	» . . Azari E:
					» . . de Cainça.	» . . Caincæ.
					» . . de Canne.	» . . Arund: Don:
					» . . de Carotte	» . . Dauci Car:
					» . . de Chardon R:	» . . Eryngii C:
					» . . de Chiendent	» . . Tritici Rep:
					» . . de Chicorée S:	» . . Cichorii.
					» . . de Colombo.	» . . Cocculi P:
					» . . de Consoude	» . . Symphiti.
					» . . de Costus ar:	» . . Costi Arab:
					» . . de Curcuma	» . . Curcumæ.
					» . . de Dompte-V:	» . . Asclep: Vinc:
					» . . de Douce-Am:	» . . Dulcamaræ.
					» . . d'Ellébore Bl:	» . . Veratri Albi.
					» . . d'Ellébore N:	» . . Hellebori N:
					» . . de Fenouil	» . . Fœniculi
					» . . de Fougère M:	» . . Filicis M:
					» . . de Fraisier	» . . Fragariæ
					» . . de Galanga	» . . Galangæ
					» . . de Garance.	» . . Rubiæ T:
					» . . de Gentiane.	» . . Gentianæ.
					» . . de Grenadier	» . . Punicæ Gr:
					» . . de Guimauve.	» . . Althææ.
					» . . d'Impératoire.	» . . Imperator:
					» . . d'Iris.	» . . Iridis.
					» . . d'Iris de Fl:	» . . Iridis Flor:
					» . . de Jalap	» . . Jalapæ
					» . . de Livèche	» . . Lig: Livist:
					» . . de Méum.	» . . Mei.
					» . . de Nard: C:	» . . Valer: Celt:
					» . . de Nard: I:	» . . Valer: Jatam:
					» . . de Navet	» . . Brass: Napi:
					» . . de Nymphæa	» . . Nymphææ
					» . . de Pareira B:	» . . Pareiræ Br:
					» . . de Patience.	» . . Patientiæ
					» . . de Persil	» . . Apii Petr:
					» . . de Petit-Houx.	» . . Rusci Acul:
					» . . de Pivoine	» . . Pæoniæ.
					» . . de Polygala.	» . . Polygalæ
					» . . Polypode.	» . . Polypodii.
					» . . de Pyrèthre.	» . . Pyrethri

1.	2.	3.	4.	5.	NOMS FRANÇAIS.	NOMS LATINS.
					RACINE (RACINES) de Quintefeuil:	RADIX (RADICES) Potentil: R:.
					» ..de Raifort	» ..Cochlear: ar:
					» ..de Ratanhia	» ..Kramer: Ix:
					» ..de Réglisse	» ..Glycyrrhizæ
					» ..de Rhapontic	» ..Rhei Rhap:
					» ..de Rhubarbe	» ..Rhei
					» ..de Salsepareille	» ..Sarsaparillæ
					» ..de Saponaire	» ..Saponariæ
					» ..de Sassafras	» ..Sassafras
					» ..de Schœnanthe	» ..Schœnanthi
					» ..de Serpentaire	» ..Serpentariæ
					» ..de Spicanard	» ..Valer: Jatam:
					» ..de Squine	» ..Squinæ
					» ..de Sureau	» ..Sambuci
					» ..de Tormentille	» ..Tormentillæ
					» ..de Turbith	» ..C: Turpethi
					» ..de Valériane	» ..Valerianæ
					» ..de Zédoaire	» ..Zedoariæ
					SAFRAN ...de Mars Ap:	OXID: FERRIC: Aquâ M: P:
					SAFRAN ...de Mars Ast:	OXIDUM... Ferricum
					SAFRAN...	CROCUS... Sativus
					SAFRAN ...des Métaux	CROCUS... Metallorum
					SALICINE...	SALICINA...
					SAVON ....Amygdalin	SAPO .....Amygdalinus
					» ..Médicinal	» ..Amygdalinus
					» ..Animal	» ..Animalis
					» ..de Starkey	» ..C: Oleo Tereb:
					SEL .....de Glauber	SULFAS ...Sodicus
					» ..Marin	MURIAS...Sodicus.
					» ..de Prunelle	NITRAS ...Potassic: Fus:
					» ..de Seignette	TARTRAS..Pot: et Sod:
					» ..Végétal	» ..Potassicus
					» ..d'Epsom	SULFAS ...Magnesicus
					» ..de Sedlitz	» ..Magnesicus
					» ..de Nitre	NITRAS ...Potassicus
					» ..Ammoniac	MURIAS...Ammonicus
					» ..de Saturne	ACETAS...Plumbic: Cr:
					» ..de Lait	SAL .....Lactis
					» ..de Tartre	S:–CARBONAS Potassicus
					» ..d'Oseille	OXALAS AC: Potassicus
					SQUAMMES.de Scille	SQUAMMÆ. Scillæ
					SAGAPENUM	SAGAPENUM
					SAGOU...	SAGU...
					SALEP...	ORCHIS ...Mascula
					SANDARAQUE.	JUNIPERUS Lycia
					SANDRAGON	PTEROCARPUS Draco
					SCAMMONÉE d'Alep:	CONVOLVULUS Scammonia
					SEMEN CONTRA d'Alep	ARTEMISIA Alepensis:
					SEMEN CONTRA.	» ..Contra
					SEMEN CONTRA Couvert.	ARTEMIS: C: Obvoluta
					STORAX.	STORAX...
					» ..Calamite	» ..Calamites
					» ..en Grain	» ..Granatum
					STYRAX...	STYRAX...

1.	2.	3.	4.	5.	NOMS FRANÇAIS.	NOMS LATINS.
					SUCCIN	SUCCINUM
					SOUDE....d'Alicanthe	SODA....Alicantina.
					SODA-WATER.	SODA-WATER.
					SOUFRE.	SULFUR..
					» ..Lavé	SULFUR...Lotum
					» ..Sublimé.	» ..Sublimatum.
					» ..Précipité..	» ..Præcipitatum.
					» ...Doré d'Antimoine.	» ..Aurat Stibii.
					SPARADRAP.	SPARADRAP.
					SUBLIMÉ..Corrosif.	DEUTO-CHLOR: Hydrargyric:
					SULFATE..d'Alum: et Pot:	SULFAS...Alumino-Pot:.
					» ..d'Alum: et Pot: S:	» ..Alumino-Pot: S:
					» ..de Cuivre.	» ..Cupricus
					» ..de Fer	» ..Ferricus.
					» ..de Mercure.	» ..Hydrargyric:
					» ..de Morphine.	» ..Morphicus.
					» ..de Quinine.	» ..Quinicus.
					» ..de Soude.	» ..Sodicus.
					» ..de Zinc.	» ..Zinçicus.
					» ..de Potasse.	» ..Potassicus.
					» ..de Magnésie.	» ..Magnesicus
					DEUTO-SULF: de Mercure.	DEUTO-SULF: Hydrargyric:
					SULFURE..d'Antimoine.	SULFURETUM Stibicum
					» ..de Calcium.	» ..Calcii.
					» ..de Chaux S:	» ..Calcicum S:.
					» ..de Fer	» ..Ferricum
					» ..d'Iode..	» ..Iodicum..
					» ..de Mercure.	» ..Hydrargyric:
					» ..de Mercure N:	» ..Hydrargyric: N:.
					» ..de Mercure R:	» ..Hydrargyric: R:.
					» ..de Sodium	» ..Sodii.
					» ..de Soude.	» ..Sodicum.
					» ..de Potasse.	» ..Potassæ.
					SEMENCE (Semences) d'Anis.	SEMEN (Semina) Anisi.
					» ..d'Aneth.	» ...Anethi.
					» ..de Ben.	» ...Moringæ A:.
					» ..de Calebasse.	» ..Cucurb: Lag:.
					» ..de Coings.	» ..Cydonii V:
					» ..de Concombre	» ..Cucumis: Sat:.
					» ..de Croton Tigl:	» ..Crot: Tiglii
					» ..de Cumin..	» ..Cuminis.
					» ..de Fénugrec..	» ..Fœni Græci.
					» ..de Moutarde B:	» ..Sinapis Alb:.
					» ..de Moutarde N:	» ..Sinapis Nig:
					» ..de Phellandre.	» ..Phellandrii
					» ..de Ricin.	» ..Ricini.
					» ..de Riz.	» ..Oryzæ Sat:
					» ..de Staphysaig:.	» ..Staphysagr:.
					SIROP (Saccharol: L:) d'Absinthe	SIRUPUS (Saccharol: L:) Absinthii
					» ..d'Ache.	» ..Apii: Grav:.
					» ..d'Amandes..	» ..Amygdalar:
					» ..Anti-Scorbut:	» ..Anti-Scorbut:
					» ..d'Armoise.	» ..Artemisiæ.
					» ..d'Armoise C:	» ..Artemisiæ C:
					» ..de B: de Tolu.	» ..Bals: Tolut

1.	2.	3.	4.	5.	NOMS FRANÇAIS.	NOMS LATINS.
..	..	..	..	..	SIROP (*Saccharol: L:*) de Cachou	SIRUPUS (*Saccharol: L:*) Cathecu
..	..	..	..	..	» ...de Belladone.....	» ...Belladonæ.....
..	..	..	..	..	» ...de Berbéris.....	» ...Berberis V:....
..	..	..	..	..	» ...de Bourrache....	» ...Borraginis.....
..	..	..	..	..	» ...de Camomille....	» ...Chamœmelli....
..	..	..	..	..	» ...de Cannelle.....	» ...Cinnamomi....
..	..	..	..	..	» ...de Capillaire.....	» ...Adianthi.....
..	..	..	..	..	» ...de Cerfeuil.....	» ...Scand: Ceref:....
..	..	..	..	..	» ...de Cerises.....	» ...Cerasorum.....
..	..	..	..	..	» ...de Chantres.....	» ...Erysimi C:....
..	..	..	..	..	» ...de Chèvrefeuille...	» ...Leon: Caprif:....
..	..	..	..	..	» ...de Chicorée.....	» ...Cichorii C:....
..	..	..	..	..	» ...de Chou R:.	» ...Brassicæ R:....
..	..	..	..	..	» ...des 5 Racines....	» ...5 Rad: C:.
..	..	..	..	..	» ...de Cochléaria....	» ...Cochleariæ.....
..	..	..	..	..	» ...de Coings.....	» ...Cydoniorum.
..	..	..	..	..	» ...de Consoude.....	» ...Symphiti.....
..	..	..	..	..	» ...de Coquelicots....	» ...Papav: Rh:....
..	..	..	..	..	» ...de Cresson.....	» ...Nasturtii.....
..	..	..	..	..	» ...de Cuisinier.....	» ...Sarsaparil: C:....
..	..	..	..	..	» ...de Cynoglosse....	» ...Cynoglossi.....
..	..	..	..	..	» ...de Desessart.....	» ...Desessart..
..	..	..	..	..	» ...Diacode......	» ...Diacode.....
..	..	..	..	..	» ...de Dictame.....	» ...Origani D:.....
..	..	..	..	..	» ...de Digitale.....	» ...Digitalis.....
..	..	..	..	..	» ...de Douce-Am:....	» ...Dulcamaræ.....
..	..	..	..	..	» ...d'Éc: de Citrons...	» ...Cort: Citri.....
..	..	..	..	..	» ...d'Ec: d'Orang:....	» ...Cort: Aurantii....
..	..	..	..	..	» ...d'Ec: d'Orang: A:.	» ...Cort: Aurantii A:...
..	..	..	..	..	» ...d'Erysimum C:...	» ...Erysimi C:.....
..	..	..	..	..	» ...d'Ether......	» ...Æther: Sulf:....
..	..	..	..	..	» ...de Fl: d'Orang:....	» ...Fl: Aurantii.....
..	..	..	..	..	» ...de Fl: de Pêcher...	» ...Fl: Amygd: P:....
..	..	..	..	..	» ...de Framboises....	» ...Idæi Rub:.....
..	..	..	..	..	» ...de Fumeterre....	» ...Fumariæ..
..	..	..	..	..	» ...de Gentiane.....	» ...Gentianæ.....
..	..	..	..	..	» ...de Gomme......	» ...Gummi.....
..	..	..	..	..	» ...de Grenades.....	» ...Fr: Granati.....
..	..	..	..	..	» ...de Groseilles.....	» ...Grossulariar:....
..	..	..	..	..	» ...de Guimauve....	» ...Althææ.....
..	..	..	..	..	» ...d'Hysope......	» ...Hyssopi.....
..	..	..	..	..	» ...d'Ipéca......	» ...Ipecacuanh:
..	..	..	..	..	» ...d'Ipéca C:.....	» ...Ipecacuanh: C:....
..	..	..	..	..	» ...de Jusquiame....	» ...Hyosciami.....
..	..	..	..	..	» ...de Karabé.....	» ...Succini.....
..	..	..	..	..	» ...de Laitue......	» ...Lactucæ.....
..	..	..	..	..	» ...de Lierre T:....	» ...Glecom: Hed:....
..	..	..	..	..	» ...de Limons.....	» ...Cit: Limon:.....
..	..	..	..	..	» ...de Longue V:....	» ...Longæ Vitæ.....
..	..	..	..	..	» ...de Marrube.....	» ...Marrubii.....
..	..	..	..	..	» ...de Menthe P:....	» ...Menthæ P:.....
..	..	..	..	..	» ...de Menthe C:....	» ...Menthæ Cr:....
..	..	..	..	..	» ...de Miel......	» ...Mellis......
..	..	..	..	..	» ...de Mou de Veau...	» ...Pulm: Vit: C:....
..	..	..	..	..	» ...de Mousse de C:..	» ...Fuc: Helm: vt: ...

1.	2.	3.	4.	5.	NOMS FRANÇAIS.	NOMS LATINS.
..	..	..	..	..	SIROP (*Saccharol: L:*) de Mûres.	SIRUPUS (*Saccharol: L:*) Mori Nig:
..	..	..	..	..	» ..de Myrrhe	» ..Myrrhæ. . . . . .
..	..	..	..	..	» ..de Narcisse des P:. . .	» ..Ps: Narcissi . . . .
..	..	..	..	..	» ..de Nerprun.	» ..Rham: Cath: . . . .
..	..	..	..	..	» ..dé Nymphéa	» ..Nymphææ. . . . .
..	..	..	..	..	» ..d'Œillet	» ..Dianthi Car:. . . .
..	..	..	..	..	» ..d'Opium	» ..Opii. . . . . . .
..	..	..	..	..	» ..d'Orties	» ..Urticæ D:. . . . .
..	..	..	..	..	» ..d'Oranges.	» ..Aurantii. . . . . .
..	..	..	..	..	» ..d'Orgeat	» ..Amygdalar:. . . .
..	..	..	..	..	» ..de Pavôts.	» ..Papaverum. . . . .
..	..	..	..	..	» ..de Pivoine	» ..Pœoniæ. . . . .
..	..	..	..	..	» ..de P: d'Asperg:. . .	» ..Sum: Asparag: . .
..	..	..	..	..	» ..de Pommes.	» ..Malorum. . . . .
..	..	..	..	..	» ..de Quinquina	» ..K: Kinæ . . . . .
..	..	..	..	..	» ..de Raifort C:	» ..Cochlear: C: . . .
..	..	..	..	..	» ..de Ratanhia.	» ..Ratanhiæ . . . . .
..	..	..	..	..	» ..de Rhubarbe.. . . .	» ..Rhei . . . .
..	..	..	..	..	» ..de Rhubarbe C:. . .	» ..Rhei C:. . . . . .
..	..	..	..	..	» ..de Roses..	» ..Rosarum. . . . .
..	..	..	..	..	» ..de Roses Pâl:	» ..Rosar: Cent: . . .
..	..	..	..	..	» ..de Safran.	» ..Croci Sat:. . . . .
..	..	..	..	..	» ..de Salsepareille.. . .	» ..Sarsaparillæ. . . .
..	..	..	..	..	» ..de Salsepareille C: .	» ..Sarsaparil: C: . .
..	..	..	..	..	» ..de Scordium.. . . .	» ..Scordii . . . . .
..	..	..	..	..	» ..Simple..	» ..Simplex. . . . .
..	..	..	..	..	» ..Simple Bl:	» ..Simplex Alb: . . .
..	..	..	..	..	» ..de Stœchas	» ..Stœchadis. . . . .
..	..	..	..	..	» ..de Stramonium . . .	» ..Stramonii. . . .
..	..	..	..	..	» ..de Sucre	» ..Sacchari. . . . . .
..	..	..	..	..	» ..Sudorifique.	» ..Sudorificus . . . .
..	..	..	..	..	» ..de Thrydace.	» ..Extr: Lactucæ. . .
..	..	..	..	..	» ..de Tussilage.	» ..Tussilaginis. . . .
..	..	..	..	..	» ..de Trèfle d'E:. . . .	» ..Menyanthi. . . . .
..	..	..	..	..	» ..de Valériane.	» ..Valerianæ. . . . .
..	..	..	..	..	» ..de Vélar.	» ..Erysimi C: . . . .
..	..	..	..	..	» ..de Vinaigre	» ..Aceti . . . .
..	..	..	..	..	» ..Framboisé.	» ..C: Idæi R: . . . .
..	..	..	..	..	» ..de Violettes	» ..Violarum . . . . .
..	..	..	..	..	SUC (*Opolé*) Anti-Scorbutique	SUCCUS (*Opolet:*) Anti-Scorbut:
..	..	..	..	..	» ..de B: de Sureau. . .	» ..B: Sambuci. . . .
..	..	..	..	..	» ..de Belladone. . . .	» ..Belladonæ. . . .
..	..	..	..	..	» ..de Berberis.	» ..Berberis V: . . . .
..	..	..	..	..	» ..de Bourrache	» ..Borraginis . . . .
..	..	..	..	..	» ..de Carotte.	» ..Dauci Carot: . . .
..	..	..	..	..	» ..de Cerises.	» ..Cerasorum . . . .
..	..	..	..	..	» ..de Chicorée.	» ..Cichorii. . . . . .
..	..	..	..	..	» ..de Choux R:	» ..Brassicæ R: . . .
..	..	..	..	..	» ..de Ciguë..	» ..Cicutæ . . . . . .
..	..	..	..	..	» ..de Citrons.	» ..Citreorum. . . . .
1.	2.	3.	4.	5.	» ..de Coins..	» ..Cydoniorum.. . . .
..	..	..	..	..	» ..d'Ec: de Sureau. . .	« ..Cort: Sambuci . .
..	..	..	..	..	» ..de Framboises. . . .	» ..Idæi Rub: . . . .
..	..	..	..	..	» ..de Grenades.	» ..Fr: Granati. . . .
..	..	..	..	..	» ..de Groseilles.	» ..Grossulariar: . . . .

4

1.	2.	3.	4.	5.	NOMS FRANÇAIS.	NOMS LATINS.
					SUC (*Opolé*) d'Herbes	SUCCUS (*Opolet:*) Herbarum. . .
					» . . de Mûres	» . . Mori Nig:. . . . .
					» . . de Nerprun.	» . . Rham: Cath: . . . .
					» . . d'Oranges.	» . . Aurantior: . . . .
					» . . de Pommes	» . . Malorum . . . . .
					» . . de Réglis: Ep: . . .	» . . Glycyrr: Rep:. . . .
					» . . de Roses.	» . . Rosarum . . . .
					» . . de Stramonium. . .	» . . Stramonii. . . . .
					» . . de Verjus	» . . Uvar: Virid: . . . .
					TAFFETAS . d'Angleterre. . . .	SERICUM . . Anglicum. . . . .
					» . . Vésicant.	» . . Vesicans. . . . . .
					TANNIN.	ACIDUM. . . Tannicum. . . . .
					TARTRE. . . Emétique.	TARTRAS. . Stibico-Pot . . . .
					» . . Martial S:.	» . . Martis Sol: . . . .
					» . . Stibié.	» . . Stibico-Pot:. . . . .
					TARTRATE. Borico-Pot:. . . .	» . . Borico-Pot:. . . .
					» . . de Potasse	» . . Potassicus . . . .
					» . . de Pot: et Sod: . . .	» . . Sodico: Pot: . . . .
					» . . de Pot: et Fer: . . .	» . . Ferrico-Pot: . . .
					» . . de Pot: et d'Ant: . .	» . . Stibico Pot:. . . .
					» . . de Mercure.	» . . Hydrargyric: . . . .
					» . . de Soude	» . . Sodicus. . . . . .
					BI-TARTRATE de Potasse. . . .	BI-TARTRAS Potassicus . . . .
					TERRE. . . . Sigillée.	TERRA. . . . Sigillata. . . . .
					THÉ. . . . . Suisse	THEA. . . . . Helvetica . . . .
					» . . Hyswin	» . . Hyswena . . . . .
					» . . Perlé.	» . . Perlata . . . . .
					» . . Vert	» . . Viridis . . . . .
					» . . Souchong.	» . . Souchong. . . . .
					» . . Pékao.	» . . Pekao. . . . . .
					TURBITH. . Minéral.	S:-SULFAS. Hydrargyric: . . . .
					» . . Végétal.	CONVOLVULUS Turpethum . . .
					TAPIOKA.	JATROPHA. Manihot. . . . . .
					TOURNESOL en Pains.	MASSÆ. . . . Heliotropii . . . .
					TERRA-MERITA.	TERRA-MERITA. . . . . . .
					TABLETTES (*Saccharolé S:*). . .	TABELLÆ (*Saccharol: S:*) . . .
					» . . d'Ac: Tartriq: . . .	» . . Acid: Tratric:. . .
					» . . d'Ac: Citriq:	» . . Acid: Citric: . . . .
					» . . Ant: de Kunk: . .	» . . Sulf: Stibic: . . .
					» . . de B: de Tolu. . . .	» . . Bals: Toluif: . . . .
					» . . de Bicarb: de S: . .	» . . Bicarb: Sod: . . .
					» . . de Cachou	» . . Cathecu. . . . . .
					» . . de Magnésie . . .	» . . Magnesiæ. . . . .
					» . . Chalybées.	» . . Martiales . . . .
					» . . de Charbon. . . .	» . . Carbonis. . . . .
					» . . de Daubenton. . . .	» . . Daubenton . . . .
					» . . de d'Arcet	» . . D'Arcet . . . . .
					» . . d'Épong: Br:	» . . Spongiæ Ust: . . . .
					» . . de Fer	» . . Martiales . . . .
					» . . de Gomme	» . . Gummi. . . . . .
					» . . de Guimauve	» . . Althææ. . . . .
					» . . de Vichy	» . . Vichy. . . . . .
					» . . d'Ipéca. . . , . .	» . . Ipecacuanhæ . . . .
					» . . de Kermès	» . . Kermetis. . . . .

1.	2.	3.	4.	5.	NOMS FRANÇAIS.	NOMS LATINS.
					TABLET: (*Saccharol: S:*) de Lichen	TABELLÆ (*Saccharol: S:*) Lichenis
					» ..de Manne.	» ..Mannæ.
					» ..Martiales..	» ..Martiales..
					» ..de Menthe P:	» ..Menthæ P:
					» ..de Mercure D:	» ..Chlor: Hydrar:
					» ..de Kina.	» ..Kinæ.
					» ..de Rhubarbe.	» ..Rhei..
					» ..de Soufre.	» ..Sulfuris.
					» ..de Suroxal: de P:	» ..Suroxal: P:
					» ..Vermifuges.	» ..Vermifugæ.
					» ..de Vichy..	» ..Vichy.
					TEINTURE (*Alcoolé*) d'Absinthe.	TINCTURA (*Alcooletum*) Absinthii
					» ..d'Aconit.	» ..Aconiti.
					» ..d'Aloës..	» ..Aloës.
					» ..Composée.	» ..Composita.
					» ..d'Ambre Gris.	» ..Physet: Macr:
					» ..d'Asa-Fœtida	» ..Asæ-Fœtidæ.
					» ..d'Asarum.	» ..Asari.
					» ..d'Aunée.	» ..Inulæ Hel:
					» ..de Belladone.	» ..Belladonæ.
					» ..de B: de Tolu.	» ..Bals: Toluif:
					» ..de Benjoin.	» ..Benzoïni.
					» ..de Bonferme	» ..Aromatica.
					» ..de Cachou.	» ..Cathecu.
					» ..de Cannelle	» ..Cinnamomi.
					» ..de Cantharid:	» ..Cantharid:
					» ..de Cascarille.	» ..Cascarillæ.
					» .de Castoréum	» ..Castorei.
					» ..de Ciguë.	» ..Cicutæ.
					» ..de Colchique.	» ..Colchici.
					» ..de Contrayerva.	» ..Contrayervæ.
					» ..de Digitale.	» ..Digitalis.
					» ..d'Ellébore N:	» ..Hellebori N:
					» ..d'Euphorbe.	» ..Euphorbii.
					» ..d'Ext: d'Opium	» ..Extr: Opii.
					» ..de Gayac	» ..Guayaci.
					» .de Gentiane.	» ..Gentianæ.
					» ..de Gingembre.	» ..Zinziberis
					» ..de Girofle.	» ..Caryophylli.
					» ..de Gom: Am:	» ..Gummi Am:
					» ..de Gom: Gut:	» ..Gummi Gut:
					» ..d'Iode.	» ..Iodi.
					» ..d'Ipéca.	» ..Ipecacuanh:
					» ..de Jalap.	» ..Jalapæ.
					» ..de Jalap C:	» ..Jalapæ C:
					» ..de Jusquiame	» ..Hyosciami.
					» ..de Laitue V:	» ..Lactucæ V:
					» ..de Mastic.	» ..Mastiche.
					» .de Musc.	» ..Moschi..
					» ..de Myrrhe.	» ..Myrrhæ.
1.	2.	3.	4.	5.	» ..de Noix V:	» ..Strych: N: V:
					» ..d'Opium.	» ..Opii.
					» ..de Pyrèthre	» ..Pyrethri.
					» ..de Quassia.	» ..Quassiæ.
					« ..de Kina.	» ..Kinæ.

1.	2.	3.	4.	5.	NOMS FRANÇAIS.	NOMS LATINS.
					TEINTURE (*Alcoolé*) de Scille	TINCTURA (*Alcoolet:*) Scillæ
					» ..de Raifort	» ..Cochlear: Arv:
					» ..de Raifort C:	» ..Cochl: Ar: C:
					» ..de R: de Gayac	» ..R: Guayaci
					» ..de Rhubarbe	» ..Rhei
					» ..de Rhus Rad:	» ..Rhus Toxic:
					» ..de Safran	» ..Croci Sat:
					» ..de Savon	» ..Saponis
					» ..de Scammon:	» ..Scammonii
					» ..de Séné	» ..Sennæ
					» ..de Stramon:	» ..Stramonii
					» ..de Succin	» ..Succini
					» ..de Thérébenth:	» ..Terebenth:
					» ..de Valériane	» ..Valerianæ
					» ..de Vanille	» ..Vanillæ
					» ..Aromatique	» ..Aromatica
					» ..Aromatiq: Sulf:	» ..Aromat: Sulf:
					» ..Anti-Scorbut:	» ..Anti-Scorbut:
					» ..Balsamique	» ..Balsamica
					» ..de Bestuchef	» ..Bestuchef
					» ..de Mars Tart:	» ..Martis Tart:
					» ..Vulnéraire	» ..Vulneraria:
					TEINT: ÉTH: (*Éthérolé*) d'Aconit.	TINCT: ÆTH: (*Ætherolet:*) Aconit.
					» ..d'Arnica	» ..Arnicæ
					» ..d'Ambre	» ..Physet: Macr:
					» ..d'Asa-Fœtida	» ..Asæ-Fœtidæ
					» ..de B: de Tolu.	» ..Bals: Toluif:
					» ..de Belladone	» ..Belladonæ
					» ..de Cantharid:	» ..Cantharid:
					» ..de Castoreum	» ..Castorei
					» ..de Ciguë	» ..Cicutæ
					» ..de Digitale	» ..Digitalis
					» ..de Jusquiame	» ..Hyosciami
					» ..de Morelle	» ..Solani Nig:
					» ..de Musc	» ..Moschi
					» ..de Nicotiane	» ..Nicotianæ
					» ..de Phosphore	» ..Phosphori
					» ..de Pyrèthre	» ..Pyrethri
					» ..de Succin	» ..Succini
					» ..de Valériane	» ..Valerianæ
					TROCHISQUES Escharotiques	TROCHISCI. Escharotici
					» ..de Minium	» ..Eschar: Minii:
					VIN (*OEnolé*) d'Absinthe	VINUM (*OEnoletum*) Absinthii.
					» ..Amer Scillit:	» ..Scillitic: Am:
					» ..Antimonié	» ..Stibicum
					» ..Anti-Scorbut:	» ..Anti-Scorbut:
					» ..d'Aunée	» ..Inulæ Hel:
					» ..Chalybé	» ..Chalybeatum
					» ..Colchique	» ..Colchicum
					» ..Diurétique	» ..Diureticum
					» ..Émétique	» ..Tart: Stib: Pot:
					» ..de Gentiane	» ..Gentianæ
					» ..d'Opium C:	» ..Opii C:
					» ..d'Opium	» ..Opii

1.	2.	3.	4.	5.	NOMS FRANÇAIS.	NOMS LATINS.
..	..	..	..	..	VIN (*OEnolé*) Scillitique.....	VINUM (*OEnoletum*) Scilliticum.
..	..	..	..	..	» ..de Kina........	» ..Kinæ........
..	..	..	..	..	VINAIGRE (*Oxéolé*) Antiseptiq:	ACETUM (*Oxeoletum*) Antiseptic:
..	..	..	..	..	» ..Camphré......	» ..Camphorat......
..	..	..	..	..	» ..Colchique......	» ..Colchicum......
..	..	..	..	..	» ..Distillé.......	» ..Stillatitium......
..	..	..	..	..	» ...Framboisé......	» ..Idæi Rub.......
..	..	..	..	..	» ..de Lavande.....	» ..Lavandulæ......
..	..	..	..	..	» ..d'OEillets......	» ..Dyanthi C:.....
..	..	..	..	..	» ..d'Opium.......	» ..Opii........
..	..	..	..	..	» ..Radical.......	» ..Aceticum......
..	..	..	..	..	» ..de Romarin.....	» ..Romarini......
..	..	..	..	..	» ..Rosat........	» ..Rosatum.......
..	..	..	..	..	» ..de Sauge......	» ..Salviæ.......
..	..	..	..	..	» ..Scillitique......	» ..Scilliticum......
..	..	..	..	..	» ..de Sureau......	» ..Sambuci.......
..	..	..	..	..	» ..des 4 Voleurs....	» ..Antiseptic:.....
..	..	..	..	..	VERT-DE-GRIS..........	ACETAS...Cupricus........
..	..	..	..	..	VERDET...........	» ..Cupricus Cr:.....
..	..	..	..	..	VITRIOL...Blanc.......	SULFAS...Zincicus.......
..	..	..	..	..	» ..Vert.......	» ..Ferricus.......
..	..	..	..	..	» ..Bleu.......	» ..Cupricus.......
..	..	..	..	..	VERRE....d'Antimoine.....	OXID: SULF: Stibic: Vit:.....
..	..	..	..	..	VERMILLON...........	CINNABARIS Pulv:.......
..	..	..	..	..	YEUX.....d'Ecrevisse......	CALCULI Cancrorum.......
..	..	..	..	..	ZINC..............	ZINCUM............

FIN.

Ce Tableau Représente la grandeur exacte de l'Assortiment des Étiquettes
de la Maison H. CLARE Sr-ALLAIS.

Cette Nomenclature est d'une double utilité.

1° Elle peut servir de Dictionnaire aux Elèves de Pharmacie, et, par là, leur éviter des erreurs souvent déplorables. Elle donne, du reste, à côté des anciens mots, les mots nouveaux les plus en usage selon M. CHEREAU.

2° Elle sert à désigner au Fabricant les Étiquettes qu'on veut lui commander.

Pour rendre ce dernier but plus facile on a fait précéder le nom des Substances de cinq colonnes, ayant chacune en tête un numéro correspondant aux grandeurs désignées ci-contre. Il suffira donc de tirer un trait horizontal, semblable à un trait d'union en face du nom de la Substance dont on demande l'Étiquette, et avoir soin de le placer dans la colonne, dont le numéro représente la grandeur de l'Étiquette dont on aura besoin : par exemple soit le tableau suivant :

1.	2.	3.	4.	5.	NOMS FRANÇAIS.	NOMS LATINS.
—	—	··	··	··	EAU DIST: (*Hydrolat*) de Laitue.	AQUA (*Hydrolat:*) Lactucæ.
—	··	··	··	··	» de Roses	» Rosarum
—	··	··	··	··	» de Mélilot.	» Meliloti
··	··	··	—	—	ESSENCE (*Alcoolé*) de Savon	TINCTURA (*Alcooletum*) Saponis.
··	··	—	—	··	EXTRAIT (*Opostolé*) d'Aconit.	EXTRACTUM (*Opostolet:*) Aconiti.
··	—	—	··	··	» d'Aunée	» Inulæ Hel:
··	··	··	··	—	TEINT: ÉTH: (*Éthérolé*) de Digit:	TINCT: ÆTH: (*Ætherolet:*) Digit:
··	··	··	··	—	» de Belladone	» Belladonæ.
—	··	··	··	··	ÉCORCE (ÉCORCES) de Cascarille.	CORTEX (CORTICES) Cascarillæ
—	—	··	··	··	» de Citrons	» Citreorum.

Les traits horizontaux qui s'y trouvent tracés désignent qu'il faut :

5 Étiquettes première grandeur, *Eau distillée* de *Laitue*, de *Roses*, de *Mélilot*, et *Écorces* de *Cascarille* et de *Citrons*;

3 Étiquettes deuxième grandeur, *Eau distillée* de *Laitue*, *Extrait* d'*Aunée* et *Écorces* de *Citrons*;

2 Étiquettes troisième grandeur, *Extrait* d'*Aunée* et d'*Aconit*;

2 Étiquettes quatrième grandeur, *Essence* de *Savon* et *Extrait* d'*Aconit*;

3 Étiquettes cinquième grandeur, *Essence* de *Savon*, *Teinture éthérée* de *Digitale* et de *Belladone*.

Pour désigner qu'on veut les Étiquettes en français on tire un trait vertical sur les mots latins, et vice versâ si on les veut en latin.

On barrera ensuite les anciens mots ou les nouveaux, suivant que l'on voudra les uns ou les autres.

Ainsi disposée, cette Nomenclature doit être mise sous bande et présentée au bureau de poste où elle sera affranchie pour 10 centimes, comme ouvrage de plus d'une feuille d'impression et relatif à la science pharmaceutique. Elle ne doit avoir aucune surcharge d'écriture, autrement elle ne serait pas acceptée à l'affranchissement. Si on a d'autres observations à faire on les fait par lettre et à part. Cette Nomenclature est toujours renvoyée avec les Étiquettes.

Les abréviations que l'on remarque ici sont à peu près celles qui doivent se trouver sur les Étiquettes.

On a eu soin également de distinguer par des Majuscules les mots qui doivent former la première ligne de l'Étiquette, et par des Minuscules celles qui doivent former la ligne de dessous : les mots écrits en entier en Majuscules ne forment qu'une ligne.

Cette différence de caractère disparaît dans les Étiquettes, qui ne sont livrées qu'en caractères uniformes.

IMPRIMERIE BÉNARD ET COMPAGNIE, PASSAGE DU CAIRE, 2.

www.ingramcontent.com/pod-product-compliance
Ingram Content Group UK Ltd.
Pitfield, Milton Keynes, MK11 3LW, UK
UKHW022359120726
13694UKWH00005B/1974